次世代を担う人のための

マルチフィジックス 有限要素解析

計測エンジニアリングシステム株式会社　編

橋口 真宜・佟 立柱・米 大海　著

近代科学社 Digital

出版にあたってのご挨拶

　弊社は創業以来，今年で 20 周年を迎えました。その間，COMSOL Multiphysics の日本総代理店として COMSOL のユーザーの皆様の研究開発や教育などを支援してきました。わが国における科学教育・研究，ならびに企業の開発研究の発展に貢献することができ，皆様からの高い支持もいただいております。

　時代の変化はめまぐるしく，デジタルトランスフォーメーションへの動きから，量子科学を活用したクォンタムトランスフォーメーションといったことも耳にするようになってきました。自動車は既存の化石燃料を使うエンジンからモータ駆動に代わりつつあり，燃料電池車も実用化されつつあります。

　このような変化の激しい時代を生き抜くには，対応する技術的な知識を身に着け，それを運用できる力をもつ必要があると考えます。

　本書は，そのような次世代を担う人のお役に立てればとの思いから，弊社 20 周年の記念事業の一環として，近代科学社様にお願いし，とても使いやすい本に仕上げていただきました。

　ぜひ，手に取って活用していただければ幸甚に存じます。

2022 年 1 月 26 日

計測エンジニアリングシステム株式会社　代表取締役社長

岡田　求

推薦のことば

　マルチフィジックスと題した洋書は多々見つかるが，和書ではコロナ社から 2017 年 3 月に出版された『COMSOL Multiphysics ではじめる工学シミュレーション』（みずほ情報総研株式会社編）だけではなかろうか。ただし，約 5 年前のこの書籍の中で，真に連成解析について書かれているのは，人工弁の開閉問題を扱った流体・構造連成解析の事例だけのようである。流体・構造連成問題のほかにも，本書『マルチフィジックス有限要素解析』でとりあげられている電気化学の問題，伝熱と流体の連成問題，さらに電磁場や音響と構造の連成問題など，マルチフィジックスシミュレーションは CAE 技術者にとって必須のツールとなりつつある。日本機械学会が実施している計算力学技術者資格認定 固体力学分野の有限要素法解析技術者 1 級試験にも，2021 年度より連成問題が試験範囲に加えられ，付属の標準問題集では主として連成解析法の知識が問われている。

　一方，本書では，解くべき支配方程式（偏微分方程式）の理解を助け，解き方はソフトウェアにお任せにして，CAE ユーザとして皆が知りたいツボを筆者独自の視点で解説している。ソフトウェアが保証すべき品質，ユーザが担保すべき品質を区別するイントロダクションとして，V&V にも言及している。有限要素法の理論には一切触れず，解き方を問う Verification（検証）よりも，数理モデルの妥当性を問う Validation（妥当性確認）に重きを置いたユーザ向けの論調に共感を覚える。また，題目に「次世代を担う人のための」と冠しており，読者は，自身が次世代を担う工学シミュレーションエンジニアのトップランナーの一人として活躍する姿を想い描きながら読めるのではないだろうか。世代や職種，業界を問わず，多くの方に本書をお薦めしたい。

慶應義塾大学理工学部機械工学科　教授

高野直樹

まえがき：本書の学び方

　本書は，数値解析を駆使することで次世代の高度なテクノロジーの発展に貢献したいと考えている方，数値解析とは何かをレビューし業務や教育の変革に役立てたいと考えている方，数値解析とは何かは全く知らないけれども数値解析にあこがれており，数値解析を使って自分のアイデアを実現できるかもしれないと考えている方を想定しています。

　次世代の技術は複数の物理を重ねて初めて十分な理解ができる内容となりますので，数値解析の対象はマルチフィジックス解析（多重物理連成解析）ということになります。さらに数値解析を次世代の設計開発や教育に役立てるには，「誰でも・いつでも・どこでも」数値解析のできる理想的な環境の具体化が必須です。

　本書の目的は，数値解析の専門家から必ずしも数値解析の専門家でない人たちあるいは経営層といった幅広い人たちにマルチフィジックス解析を理解していただき，さらに数値解析の普及における新しい動きであるアプリとその配布機能を知っていただくことです。わが国ではものづくり継承とDX（デジタルトランスフォーメーション）の動きを並行して実現することが急務ですが，本書で紹介するマルチフィジックス解析アプリとその配布機能はこれらを一気に解決できる可能性を秘めています。

　第1章では，数値解析の本質と仕組みが手計算を交えて短時間に学べます。

　第2章では，マルチフィジックス解析を実施する上でのポイントを説明します。市販のソフトウェア COMSOL Multiphysics を援用することで理解を深めることができるように工夫しました。

　第3章では，次世代のテクノロジーである電気自動車，IoT，電池といったことに必須の電気化学を，理論と計算の両面から丁寧に説明します。電気化学の専門家でない方でも基礎式といった細部が計算結果にどう結びつくのかを学習できます。

　第4章では，難しいと思われがちな流体力学の本質を学ぶことができ，マルチフィジックス解析への応用を目指せます。

　第5章では，最適化手法のマルチフィジックス解析への適用方法を知る

ことができます。

　第6章では，最先端のテクノロジーであるアプリとその配布方法を学ぶ
ことができます。

　付録では，最先端の解析環境の構築とその普及に不可欠の，市販
ソフトウェア COMSOL Multiphysics, COMSOL Server, COMSOL
Compiler, アプリの作成について学ぶことができます。

　マルチフィジックス解析は大きな可能性をもっています。本書の内容が
少しでも皆様の業務，研究，勉強のお役に立つことを願っております。

2022 年 1 月

著者一同

目次

第1章　マルチフィジックス解析の基礎知識

第2章　マルチフィジックス解析の勘所

第3章　電気化学の応用

第4章　流体力学の応用

第5章　最適化の応用

第6章　アプリによる解析支援

付録A　COMSOL Multiphysics の GUI

第 1 章
マルチフィジックス解析の基礎知識

　本章では，マルチフィジックス解析のための基礎知識について説明します。数値解析はどのような仕組みになっているか，何を考え，どのようなところに留意するのか，マルチフィジックス解析とはどのような概念なのかについて，一歩ずつ理解を進めていきます。途中，手計算を行うところが出てきますが，そこではぜひ自らの手で計算を行ってみてください。数値解析の習得では，そのような手計算になじむことで各段に理解が進みます。

1.1　数値解析の仕組み

本節では、数値解析を行うにあたって知っておくべき仕組みを説明します。これを理解すれば，何をどう考えればいいのか，どんな順序で仕事を進めていけばよいかといった計画を立てることができるようになります。

1.1.1　数値解析の要素

数値解析は，与えられた方程式を計算方法に基づいて計算機で解き，数値解を求めるという方法全般を指します。したがって，数値解析を実行するには，

①方程式を用意する

②計算に適した方法——数値解法——を決める

③数値解法で決められた手順をプログラムにして計算機で実行する

④求めた数値解を数表あるいはグラフィックス表示などで処理する

が把握すべき要素項目となります。

例えば，x が求めたい未知数であるとし，x を決める方程式が $3x - 1 = 0$ であるとします。この方程式は代数方程式 (algebraic equation) です。計算手順は代数方程式の解法に従って，まず 1 を右辺に移項し $3x = 1$ とします。続いて両辺を 3 で割ります。すると，$x = \frac{1}{3}$ となります。数値計算では，x は 0.333333 といった数値で表示されます。この仕組みを理解すれば，これを一般化して，実数係数 a（0 でないもの），b を与えて，$ax - b = 0$ の解 x を計算機で求めることを考えることができます。計算手順は $x = \frac{b}{a}$ であり，a と b を計算機に入力すれば $\frac{b}{a}$ を計算機が実行し，解 x が表示されるという便利な仕組みが実現します。

本書で扱う数値解析では，上述の①〜④の手順に加えて，図 1.1 に示すように，メッシュの作成，初期条件の設定，境界条件の設定，ソルバーの選択などが追加されます。初心者の読者は難しいと思うかもしれませんが、仕組みを理解すれば簡単です。本書ではこれらの仕組みを一つずつ丁寧に説明していきます。

方程式	常微分方程式	偏微分方程式	代数方程式
	初期条件	境界条件	
数値解法	メッシュ	ソルバー	
計算プログラム	自作	市販ソフト	
結果処理	数値出力	グラフィックス	STL出力 (3Dプリンタ)
	XYプロット	動画	

図 1.1　数値解析の要素

1.1.2　方程式の種類と数値解析の関係

(1)1 変数によるモデル表現

　本書で扱う数値解析は，自然現象の説明や予測を目的としたものです。したがって，必要な方程式は自然現象を記述できるものということになります。といっても，自然現象は森羅万象であり，すべてを記述する方程式を用意するのは難しいので，自身が説明・予測をしたい現象に絞って考えることになります。

　例えば，図 1.2（左）のようにボールをある高さから落下させたときの，時々刻々のボールの高さと速度を予測したいとします。落下開始から t 時間（単位：s）経過後のボールの高さを $H(t)$（単位：m），速度を $v(t)$（単位：m/s）とします。これらの未知数 $H(t)$ と $v(t)$ を支配する方程式は，皆さんがご存じのニュートンの運動方程式です。

$$\frac{d^2 H(t)}{dt^2} = -g$$

この式を解くことで $H(t)$ が求まります。g は重力加速度 $(9.8\mathrm{m/s^2})$ です。ボールの高さを時間で 2 回ほど微分した 2 階微分項 $\frac{d^2 H(t)}{dt^2}$ が含まれています。このように微分項が含まれた方程式は，微分方程式と呼ばれます。

　速度は位置 $H(t)$ の時間微分であり，

$$v(t) = \frac{dH(t)}{dt}$$

13

からその時刻での速度 $v(t)$ を求めることができます。

　運動方程式は $H(t)$ の時間に関する 2 階微分をもつので，時刻 $t = 0$ でのボールの状態を指定する初期値が 2 個必要です。この場合は，$H(0)$, $\frac{dH}{dt}(0)$ というボールの位置と速度が該当します。例えば，手で持っているボールを静かに落下させた場合，$H(0)$ には床からボールを持っている手までの高さ 1.5m，$v(0)$ は 0m/s という具合に指定します。この指定を初期条件の設定といいます。このように，時間変化を解析する場合には，手順に初期条件の設定を追加します。

　この例は，未知数が時間 t のみの関数であるので，時間に関する微分は常微分 $\frac{d}{dt}$ の形になっています。本書では後ほど時間に加えて空間変数にも依存する多変数関数の偏微分方程式 (PDE: Partial Differential Equations) を扱いますが，それと区別するために，1 変数の微分方程式は常微分方程式 (ODE: Ordinary Differential Equations) と呼びます [1, 2]。

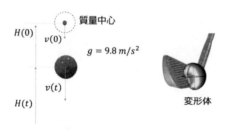

質量中心
$H(0)$　$v(0)$
$g = 9.8\ m/s^2$
$v(t)$
$H(t)$
変形体

図 1.2　質量中心での運動追跡（左）と変形体としての取り扱い（右）

(2) 多変数によるモデル表現

　さて，いままで見てきたボールの運動は，ボールの重心（質量中心）位置のみに注目して，ほかの因子，例えばボールの変形や回転，それに伴って生じる空気の流れと発生する空気力は無視しています。これが，自分の必要性に応じて解析する現象を絞るということの具体的な例です。

　では，ボールの変形や回転、それに伴う空気の流れといったことまで解析するにはどうすればよいでしょうか。図 1.2（右）のようなゴルフボー

ルの変形や運動を扱う場合も，そういったことが必要になってきます。

そのためには，まず独立変数を増やします。時間 t に加えて，ボール の重心以外のボールの内部や境界，ボールの周りの空気の場の各点の空 間位置を指定する独立変数 (x, y, z) を追加します。続いて，未知数 H を $H(t, x, y, z)$ という具合に多変数関数に拡張します。

多変数関数を使って微分方程式を記述する場合には，ある1個の独立変 数のみを変化させて，ほかの独立変数はすべて固定したときの多変数関数 の微分という概念が入ってきます。そのことを表現するために，例えば x だけを変化させた場合の微分は偏微分 (partial differentiation) の記号で ある $\frac{\partial}{\partial x}$ を使います。このような偏微分記号を含む微分方程式は偏微分方 程式と呼ばれます [3]。

ボールの変形や回転は，固体力学分野の偏微分方程式で記述され ます。空気の流れは流体力学の基礎方程式であるナビエ–ストークス (Navier–Stokes) 方程式という名前のついている偏微分方程式で記述され ます [4]。このナビエ–ストークス方程式は，数値解を求めるのが大変な方 程式として有名です。

(3) 方程式のレベル

いままで見てきたように，方程式には代数方程式，常微分方程式，偏微 分方程式があります。皆さんは，一番詳しい方程式は偏微分方程式である から，偏微分方程式だけで数値計算をやればいいのにと考えるかもしれま せん。しかし，実際の数値解析ではこれらの方程式を混在させて数値解を 求める場面が数多く出てきます。なぜかというと，偏微分方程式は独立変 数の数が多いので、偏微分方程式を解くための計算コストが，代数方程式 や常微分方程式に比べて桁違いに大きくなってしまうからです。

説明や予測をしたい現象の本質をよく検討して代数方程式や常微分方程 式で事足りるところは偏微分方程式を使わないようにすることで，計算コ ストを低減でき，かつ現象の説明や予測がうまくいけば，「数値解析をう まく行い，現実的な計算機環境で妥当な解を得ることができた」という評 価がなされます。一方で，高性能計算機が潤沢に使えるのであれば，常微 分方程式で近似していた部分を偏微分方程式で置き換えて，詳細な分析に

15

注力することができます。その場合は「方程式の精度を上げ，計算機の機能をフルに活かして高精度の解析を実現した」といった評価がなされます。

このように，同じ現象を対象にしていても，説明したい，あるいは予測したい量に応じて方程式を変更したり，利用できる計算機の能力によって方程式のレベルを変えたりといったことがあります。

1.1.3 シングルフィジックスとマルチフィジックスの説明

(1) シングルフィジックス

本書の表題にあるマルチフィジックスを説明するには，まずシングルフィジックスを理解する必要があります。ここでは説明用のモデル方程式を使って，わかりやすく説明をします。

シングルフィジックスは単一物理のことです。物理を専門とする人は「物理はもともと一つだ」と考えると思いますが，ここでいう単一とは「単一の物理カテゴリに属するものを扱うこと」を意味します。

説明を簡単にするために，A という物理カテゴリは独立変数 t の関数として $A(t)$ という未知数を求めることで説明できるとします。$A(t)$ を支配する方程式が

$$f(t, A(t)) = 0$$

という形で表されるとすると，物理カテゴリ A は自分自身の未知数 $A(t)$ のみで決まることになります。この状況をシングルフィジックス（単一物理カテゴリ）と呼ぶことにします。

(2) マルチフィジックスへの拡張

続いて，A とは異なる B という物理カテゴリを考えます。B は独立変数 t の関数として $B(t)$ という未知数を求めることで説明できるとします。いま，説明・予測の対象とする自然現象が $A(t), B(t)$ で説明できるとします。この場合，参照する物理カテゴリが 2 つなので，マルチフィジックスと呼びます。

このとき，それぞれの変数を支配する方程式が互いに独立な方程式で記

述される，すなわち，

$$f(t, A(t)) = 0$$
$$g(t, B(t)) = 0$$

の形の方程式で表現できる場合は，自然現象の説明は，2つの単一物理カテゴリ A,B から独立に得られる未知数 $A(t), B(t)$ を一緒に観察しているだけです。この場合のマルチフィジックス解析は，シングルフィジックスを並列に置いただけの解析といえます。

今度は，$A(t), B(t)$ が次のように関係しているとします。

$$f(t, A(t)) = 0$$
$$g(t, B(t), A(t)) = 0$$

これを見ると，$A(t)$ は物理カテゴリ A だけで決めることができるけれども，$B(t)$ は $A(t)$ の影響を受けていることがわかります。つまり，未知数 $A(t)$ と未知数 $B(t)$ の間には連成 (coupling) が生じていることになります。

この場合，まず物理カテゴリ A の数値解 $A(t)$ を計算で求め，続いて物理カテゴリ B を未知数 $B(t)$ について解く際に，物理カテゴリ A の解 $A(t)$ の影響を含ませて解けばよいということになります。これは，A から B へ向かう一方向の連成解析 (one-way coupling) を行う必要があることを意味しています。

より複雑な連成として，次の式を見てみましょう。

$$f(t, A(t), B(t)) = 0$$
$$g(t, B(t), A(t)) = 0$$

この場合は，未知数 $A(t)$ も $B(t)$ も互いに影響しあうので，双方向の連成解析 (two-way coupling) を行う必要があります。

以上からわかるように，マルチフィジックスはシングルフィジックスを複数含んでいるものを意味しますが，一方でその内容は，単に複数のシングルフィジックスが並列しているものと，一方向連成あるいは双方向連成の場合があるということになります。図1.3 にまとめました。

17

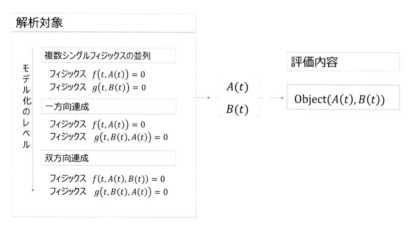

図 1.3　解析対象および評価内容とマルチフィジックスのモデル化のレベル

(3) マルチフィジックスのレベル

　複数のシングルフィジックスが並列しているというと，単純に思えるかもしれませんが，実際の数値計算を実行するにあたって，対応する物理カテゴリの方程式を用意し，それを解く数値解法も用意しなければなりません。自分の説明・予測したい内容が未知変数 $A(t), B(t)$ の各々ではなく，図 1.3 に示すように，それらの数値を使った評価式 $\mathrm{Object}(A(t), B(t))$ であるとすると，片方の物理カテゴリの取り回しができないと，式 $\mathrm{Object}(A(t), B(t))$ の評価ができないということになります。したがって，自分の目的と数値解析の関係を考察する必要があります。

　また，マルチフィジックス解析を多重物理連成解析と呼ぶことがあります。その場合には一方向連成あるいは双方向連成解析を含む解析を意味しており，連成の形態によっては数値解を求めることが非常に難しくなります。

　シングルフィジックス A と B が並列している場合には，シングルフィジックス A の解析だけを行い，解 $A(t)$ をハードディスクに保存します。すると，シングルフィジックス A の計算に必要な内部メモリを解放することができます。次に，シングルフィジックス B の解析を行い，解 $B(t)$

をハードディスクに保存します。その後で保存しておいた $A(t), B(t)$ の
データを読み出すことで，$\text{Object}(A(t), B(t))$ を評価するという工夫がで
きます。

　一方，双方向連成解析が必要な場合には，各々の物理カテゴリに属する
複数の未知数を計算メモリの中に置きながら，連成解析を行う必要があり
ます。この場合，複数の変数を同時に扱うために，計算メモリをたくさん
利用できる計算機が必要になります。また，連成の強度によっては，連成
する物理カテゴリ同士が互いに影響しあって，数値解が求まりにくいと
いった状況も発生します。

　以上のことから，マルチフィジックス解析においては，解析したい内容
が独立した複数のシングルフィジックスを並置して解くタイプで扱える
か，あるいは本質的に双方向連成解析を必要とするタイプであるかどうか
を分析することが重要であるといえます。

　本書では，いろいろな例題を具体的な内容とともに紹介していくこと
で，数値解析を適切に運用するために，マルチフィジックスの連成の度合
いに関する理解を深めていただくことも目的の一つに掲げています。

1.1.4　離散化

(1) 線の方法における空間離散化

　数値解析を実施する上では，離散化が必須です。離散化は，一言でいえ
ば，常微分方程式や偏微分方程式に工夫を施して，一番初めに紹介した代
数方程式である $3x - 1 = 0$ のような形にまでかみ砕くことであり，計算
機で数値解を求めることができるようにすることを意味しています。

　離散化には空間の離散化と時間の離散化があります。本書で取り扱う数
値解法では，時間方向の離散化については，1.1.5 項で説明する差分法を
使うことで従来の常微分方程式の解法がそのまま利用できる方法（線の方
法, method of lines）を採用しています。したがって，ここでは空間の離
散化についての説明をします。

　簡単なところから始めましょう。空間の x 座標方向のみを考えます。
未知数を $u(x)$ としたとき，実用的な数値解析における方程式に出現する
ものは，x に関する 1 階微分および 2 階微分です。微分記号は d を使って

19

もよいのですが，のちの説明にうまくつなぐために，ここでは偏微分記号を使うことにします。気になる読者は，$u(x,t)$ であり，時間 t を固定した場合と解釈してください。

$$\frac{\partial u}{\partial x}, \frac{\partial^2 u}{\partial x^2}$$

ただし，現実に計算を行うにあたって，計算機の有限なメモリで x 軸方向に連続無限の評価点を置いてその連続無限の点での数値解を求めることは不可能です。そこで，$(0,1)$ の領域の中央 $x = \frac{1}{2}$ に 1 点を置き，両端の境界点を含めた $x = 0, \frac{1}{2}, 1$ の 3 つの節点で解を求めることを考え，各節点での未知数を u_0, u_1, u_2 であるとします。図 1.4 を参照してください。

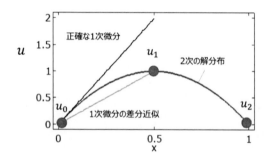

図 1.4　両端にディリクレ条件を課したときの 1 次微分の比較

いま，$u(x)$ を x の 2 次式で表現できると仮定して，

$$u(x) = a + bx + cx^2$$

とします。ここで a, b, c は未知の係数とします。

未知数が 3 個ですので，これらを決めるためには条件が 3 個必要です。節点のデータ値と一致することを条件にすると，未知数の個数だけの条件式を以下のように得ることができます。

$$u(0) = a = u_0$$

$$u\left(\frac{1}{2}\right) = a + b\left(\frac{1}{2}\right) + c\left(\frac{1}{2}\right)^2 = u_1$$

$$u(1) = a + b1 + c1^2 = u_2$$

これらの式から，a, b, c について解いてやれば，

$$u(x) = u_0 + (-3u_0 + 4u_1 - u_2) x + (2u_0 - 4u_1 + 2u_2) x^2$$

を得ます。この式は，与えられた 3 点のデータから，任意の座標値 x での u の数値を求める補間式となっています。

この式を x で 1 回微分してみます。すると，

$$\frac{\partial u(x)}{\partial x} = (-3u_0 + 4u_1 - u_2) + 2(2u_0 - 4u_1 + 2u_2) x$$

が得られます。さらに x でもう 1 回微分をすると，

$$\frac{\partial^2 u(x)}{\partial x^2} = 2(2u_0 - 4u_1 + 2u_2)$$

を得ます。これらの式を使えば，0 から 1 の範囲にある任意の x の値を代入すれば，その x に対応する 1 階および 2 階微分値を算出できます。

さて，数値解析では，与えられた微分方程式を満たすような数値解を節点のみで求めることを考えます。微分方程式が

$$\frac{\partial^2 u}{\partial x^2} + 8 = 0$$

であるとし，この式に先ほど求めた 2 階微分の表現式を代入します。すると，

$$2(2u_0 - 4u_1 + 2u_2) = -8$$

を得ます。この式を u_1 に関して解いてやれば，

$$u_1 = 1 + \frac{1}{2}u_0 + \frac{1}{2}u_2$$

となります。このように，両端の値がわかれば中央の値がわかる式を得ました。

一方で，与えられた微分方程式は領域の内部での解の挙動を規定するものです。したがって，これ以上の式を取り出すことができません。そこで，数値解析では，追加の条件を規定することになります。このことを，

「境界条件を与える」という言い方をします。

　一番簡単な決め方は，解の値を与えてしまうというものです。例えば，$u_0 = 0, u_2 = 0$ とすると，$u_1 = 1 + \frac{1}{2}0 + \frac{1}{2}0 = 1$ となります。この場合の数値解は，両端で 0，中央で 1 ということになります。このように未知数の値そのものを与えてしまう境界条件を，ディリクレ (Dirichlet) 条件と呼びます [3-6]。

　今度は，境界 $x = 0$ で $u_0 = 0$ というディリクレ境界条件を与え，境界 $x = 1$ で $\frac{\partial u}{\partial x} = 0$ という微分値を指定する条件を与えてみます。図 1.5 を参照してください。すでに導出した微分公式を $x = 1$ にあてはめると，

$$\frac{\partial u(1)}{\partial x} = (-3u_0 + 4u_1 - u_2) + 2(2u_0 - 4u_1 + 2u_2)1 = 0$$

つまり，

$$u_2 = \frac{4}{3}u_1 - \frac{1}{3}u_0$$

という関係を得ます。このことから，$u_1 = 1 + \frac{1}{2}u_0 + \frac{1}{2}u_2 = 1 + \frac{2}{6}u_0 + \frac{2}{3}u_1$，つまり，$u_1 = 3 + u_0 = 3 + 0 = 3$ となります。この結果から，$u_2 = \frac{4}{3} \times 3 - \frac{1}{3} \times 0 = 4$ であることになり，数値解は $u_0 = 0$，$u_1 = 3$，$u_2 = 4$ となります。このように，微分値を境界で指定することを，数値解析ではノイマン (Neumann) 条件と呼びます [3-6]。

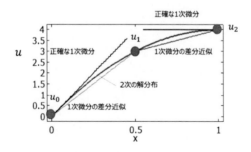

図 1.5　左端をディリクレ条件，右端をノイマン条件としたときの 1 次微分の比較

(2) 数値データと微分値の関係

　さて，両端をディリクレ条件として，未知数の値が 0 になるとしたとき
の数値解は，中央値のみが 1 になりました。このときの両端での 1 階微分
値を求めてみましょう。それにはすでに求めた次の式が使えます。

$$\frac{\partial u(0)}{\partial x} = (-3 \times 0 + 4 \times 1 - 0) + 2(2 \times 0 - 4 \times 1 + 2 \times 0) \times 0 = 4$$

$$\frac{\partial u(1)}{\partial x} = (-3 \times 0 + 4 \times 1 - 0) + 2(2 \times 0 - 4 \times 1 + 2 \times 0) \times 1 = -4$$

これは解の分布が 2 次関数である場合の正確値です。

　一方，数値解という情報を使って，両端の微分値を近似的に計算してみ
ます。いま，使える情報は $x = 0$ では $u_0 = 0, x = \frac{1}{2}$ では $u_1 = 1$ ですの
で，単純に直線的な傾きを求めると，

$$\frac{\partial u(0)}{\partial x} \approx \frac{u_1 - u_0}{0.5} = \frac{1 - 0}{0.5} = 2$$

となり，$x = 1$ では $u_2 = 0, x = \frac{1}{2}$ では $u_1 = 1$ ですので，同様に，

$$\frac{\partial u(1)}{\partial x} \approx \frac{u_2 - u_1}{0.5} = \frac{0 - 1}{0.5} = -2$$

となることがわかります。

　これらの近似値は，正確値の半分になっています（図 1.4 参照）。この
差異は，数値解のもつ分布が x の 1 次関数であると考えたために生じたも
のです。

　$x = 0$ でディリクレ条件，$x = 1$ でノイマン条件を課した場合の数値解
は，$u_0 = 0$，$u_1 = 3$，$u_2 = 4$ でした。この場合も調べてみましょう。正
確値は次の通りです。

$$\frac{\partial u(0)}{\partial x} = (-3 \times 0 + 4 \times 3 - 4) + 2(2 \times 0 - 4 \times 3 + 2 \times 4) \times 0 = 8$$

$$\frac{\partial u(1)}{\partial x} = (-3 \times 0 + 4 \times 3 - 4) + 2(2 \times 0 - 4 \times 3 + 2 \times 4) \times 1 = 0$$

　一方，数値解の分布が 1 次関数であるとした $x = 0$ での近似的な微分値
は，次の通りです。

$$\frac{\partial u(0)}{\partial x} \approx \frac{u_1 - u_0}{0.5} = \frac{3 - 0}{0.5} = 6$$

正確値と比べると $\frac{6}{8}$ になっています。$x = 1$ で，1 次関数としたときの近似的な微分値を計算すると，

$$\frac{\partial u\,(1)}{\partial x} \approx \frac{u_2 - u_1}{0.5} = \frac{4 - 3}{0.5} = 2$$

となり，正確値よりもずれます（図 1.5 参照）。

2 次分布を仮定する場合には，

$$\frac{\partial u\,(1)}{\partial x} = (-3u_0 + 4u_1 - u_2) + 2\,(2u_0 - 4u_1 + 2u_2)\,1 = 0$$

となって，正確な微分値を得ることになります。しかし，数値解だけを与えられて，その空間分布がどのようなものかを知らない場合には，どちらが正しいかはわからないということにもなります。

以上のことから，

① 微分方程式の離散化とは，区間を分割して設定した離散点でのデータを使って数値解を求める準備である。

② 離散化によって得られる関係式は離散点のデータとその補間式である。

③ 微分方程式の離散化だけでは数値解は求まらず，境界条件を与える必要がある。

④ 数値解のみの情報からその微分値を求めるには，数値解の分布形を仮定する必要がある。

ということがいえます。

(3) 有限要素法との関係

実用的な数値解析では，扱う形状も複雑なものになります。したがって，形状を離散化して得られる離散点群は，空間上に複雑な分布をもちます。そこで本書では，領域内部のみならず境界条件も正確に扱うことのできる手法である有限要素法 (FEM: Finite Element Method) を使って，シングルフィジックスやマルチフィジックスを扱う方法を説明します。

これは本節で説明したことの拡張であり，決して難しいことではありません。まず，離散化によって空間に離散点群を配置し，それらの点群上での数値解を求めるために空間分布を仮定します。次に微分方程式と境界条

件を満たすという条件を満足するように，離散点群上の未知数に関する
データを採取します。その仕組みを，計算機に乗せやすい形（プログラム
しやすい形）に表現することを素直に実行するだけです [7, 8]。

　なお，本書では有限要素法の作成法には触れません。ソフトウェアを自
作するより，市販ソフトウェアを利用して有限要素解を求める方が便利で
あり，効率的であるからです。現代における工学的な実用解析では，機械
学習やディープラーニング，不確かさを考慮した解析 [9] といったデータ
サイエンスの方法と組み合わせて，数値解析を利用します。そこで，市販
ソフトウェアを使うことで数値解析の適用範囲を広げ，現状の数値解析に
データサイエンスを適用することで，ばらつきを考慮したロバスト性の高
い設計を実現するとか，精度は保ったまま高速計算を可能にする，といっ
たことが重要視されてきています。

　しかしながら，上で分析した通り，数値解析の中身はすべて正確という
わけではなく，なんらかの近似を施しています。したがって，数値解析の
精度や収束性の向上といった研究が並行して進められています。興味のあ
る読者はそのような数値解析の基礎 [1, 2] を身につけるとよいでしょう。
また，有限要素法についてより詳しく知りたい読者は参考書 [1, 8, 10-12]
を参照してください。

1.1.5　時間積分

　前項まで空間に関する説明をしてきました。実際の自然現象は，時間的
にも変化します。ここでは，時間の取り扱いについて説明します。

　空間は x を座標にもつ 1 次元とし，時間を含む未知数 $u(x, t)$ を支配す
る微分方程式として，次のものを考えます。

$$\frac{\partial u(x, t)}{\partial t} = \frac{\partial^2 u(x, t)}{\partial x^2} + 8$$

これは，前項で見た空間に関する微分方程式に時間微分が付け加わった式
です。前項で見た式は，この式で，時間に関して変化しない，つまり，

$$\frac{\partial u(x, t)}{\partial t} = 0$$

という条件を課したことになります。これを，「定常状態を仮定（定常近

25

似）する」といいます。逆に，時間微分項がある場合には，非定常方程式あるいは時間発展方程式といいます。

　さて，時間微分項は時間に関して1階微分ですので，1.1.2項でボールの落下の問題を考えた場合と同じく，初期条件が1つ必要です。初期値は，定数や空間分布 $f(x)$ を指定することで与えられます。

$$u(x,0) = f(x)$$

　では，簡単のために，x は 0 と 1 の間にあるとし，その両端と中央の点での数値解の時間変化を求めてみます。空間の離散化については前項の結果を利用すればよいので，

$$\frac{\partial u\,(x,t)}{\partial t} = \frac{\partial^2 u\,(x,t)}{\partial x^2} + 8 = 2\,(2u_0 - 4u_1 + 2u_2) + 8$$

となります。この式に，数値解を求める $x = \frac{1}{2}$ を代入すれば，

$$\frac{\partial u\left(\frac{1}{2},t\right)}{\partial t} = \frac{du_1}{dt} = 2\,(2u_0 - 4u_1 + 2u_2) + 8$$

という式になります。

　さて，境界条件を与えて解いてみます。両端がディリクレ条件 $u_0\,(t) = 0, u_2\,(t) = 0$ を満たすとすると，

$$\frac{du_1}{dt} = 2\,(2 \times 0 - 4u_1 + 2 \times 0) + 8 = -8u_1 + 8$$

となります。これを初期条件の下で解くことになります。初期条件は上記の境界条件を満たす必要があり，簡単なものは $u(x,0) = 0$ です。

　このように，いま考えている問題は，常微分方程式の初期値問題を解くことに帰着します。つまり，偏微分という難しそうなものがあるけれども，空間を離散化すれば，時間方向には，常微分方程式という数値解法がよく整備された従来の知識を利用できるということです。この考え方を線の方法といいます。離散点から時間方向にひげが生えており，そのひげに沿って時間積分をするというイメージです（図1.6参照）。

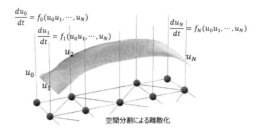

図 1.6　線の方法の説明

　では，常微分方程式の数値解法としてよく知られている陽的オイラー法 (explicit Euler method) を適用してみます。陽的オイラー法は前進オイラー法 (forward Euler method) とも呼ばれます [2]。

　陽的オイラー法は，時間方向に微小な時間刻み幅 Δt を設定し，現在時刻 $(t = n\Delta t)$ の既知数の値 $u_{1,n}$ と次の時刻 $((n+1)\Delta t)$ の未知数の値 $u_{1,n+1}$ でできる前進差分とするので，右辺は現在時刻 $(t = n\Delta t)$ の数値で近似します。

$$\frac{\mathrm{d}u_1}{\mathrm{d}t} \approx \frac{u_{1,n+1} - u_{1,n}}{\Delta t} = -8u_{1,n} + 8$$

この近似式から，$u_{1,n+1}$ を $n\Delta \mathrm{t}$ 時刻での状態から計算する式

$$u_{1,n+1} = u_{1,n} + \Delta t\left(-8u_{1,n} + 8\right)$$

を得ることができます。計算の手順は次のようになります。

① Δt を例えば，0.001 と決める。

② $n = 0$ での $u_{1,0} = 0$（初期条件）を使い，$n = 1$ での
$u_{1,1} = u_{1,0} + \Delta t\left(-8u_{1,0} + 8\right) = 0.001 \times 8 = 0.008$ を求める。

③ $n = 2$ での $u_{1,2} = u_{1,1} + \Delta t\left(-8u_{1,1} + 8\right) = 0.008 + 0.001 \times (-8 \times 0.008 + 8) = 0.01594$ を求める。

④ $n = 3$ での $u_{1,3} = u_{1,2} + \Delta t\left(-8u_{1,2} + 8\right) = 0.01594 + 0.001 \times (-8 \times 0.01594 + 8) = 0.02381$ を求める。

⑤以上を継続計算していく。

　常微分方程式の数値解法は，陰的オイラー法（後退オイラー法 (backward Euler method) とも呼ぶ），クランク–ニコルソン

(Crank–Nicolson) 法，ルンゲ–クッタ (Runge–Kutta) 法，アダムス–バシュフォース (Adams–Bashforth) 法など，いろいろなものが開発されています [2]。

1.1.6　数値解析における V&V

(1) 数値解析とコンセプトモデル

いままでの説明で，数値解析の考え方の雰囲気は大体つかめたと思います。では，数値解析を運用する上で重要な V&V の考え方に触れておきます。V&V とは検証と妥当性の確認 (Verification & Validation) の略で [13-15]，絶対的な考え方というよりは指針 [13] です。ASME V&V 10-2006[13] の指針をもとに文献 [15] の説明を加えて筆者なりに整理したものを図 1.7 に掲載しています。読者の皆さんが V&V を実践される場合には，それぞれの現場での状況や所属する組織の考え方を確認してください。

対象とする自然現象を製品の研究開発や設計に利用できる規模でモデル

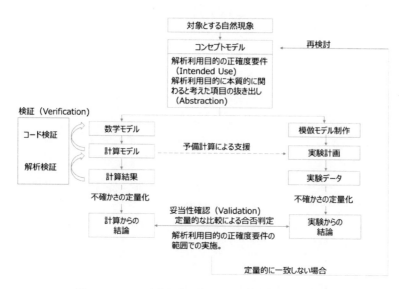

図 1.7　V&V の考え方を取り入れた計算と実験の関係

化する場合，自然のありのままをすべて数学モデルに置き換えるのは困難です。1.1.2 項で述べたように，数値解析を利用する目的によって，自然現象のどこの部分に注目するかを決める必要があり，本質的ではないと考えられる部分は捨象 (abstraction) を行います。

　この段階で，対象とする自然現象を解析の目的に応じたコンセプトモデルに置き換えて取り扱いますが，その正確度は，解析の利用目的に必要十分な範囲に限定します。コンセプトモデルは利用可能な数値解析技術にも大きく左右されるものであるため，最初から過剰な要件を設定しないことです。図 1.7 に示したフローを経て，必要があれば，初期に設定したコンセプトモデルに戻ってその再検討を行うことで正確度を上げていきます。

(2) 数値解析の検証

　さて，コンセプトモデルを記述する数学モデルが設定できたら，数値解析の考え方を使って，計算モデルの構築とそれに基づいて計算結果を取得します。計算モデルはプログラムを介して実装されますので，プログラムに間違いがないかを検証する必要があります。また，数値解析は近似的な手法なので，何か正確であると考えられるものと比較して，その結果が妥当かどうかを判断することになります。これらを検証 (Verification) と呼びます。前者がコード検証，後者が解析検証です（図 1.7 参照）。

　自作の計算モデルと計算結果を利用する場合には，この作業は十分な見える化ができます。V&V の実施者がコンセプトモデルを正しく理解しているので，実験による自然の模倣モデルの制作，実験計画から実験データの採取までが正しく行われるからです。

　一方，市販ソフトウェアを利用する場合には，ユーザーは自分の目的に合うかどうかを判断しなければなりません。具体的には，その市販ソフトウェアの設定するコンセプトモデルの枠組みの中にユーザーのコンセプトモデルが含まれているかどうかを検討します。

　市販ソフトウェアはトライアル期間を用意していますので，有効に活用して，そのソフトウェアが描いているコンセプトモデルはどのようなものか、また計算解析の検証 (Verification) 結果を参照するといったことを通じて，購入の可否を検討しましょう。同じ市販ソフトウェアを利用した

ユーザーが発表している論文なども積極的に参考にして判断材料とします。ユーザー事例には妥当性の確認 (Validation) を含むものもあるので，普段から多くの論文をサーチしておくことが，購入を判断する側にとって重要です。

(3) 数値解析の妥当性の確認

　実際に市販ソフトウェアのユーザーとなり，数値解を求め，実験との比較を行うと，それを妥当性の確認 (Validation) と単純にとらえてしまう場合があります。しかし，コンセプトモデルに合わせた模倣実験でなければ，数値解析の前提である数学モデルの諸仮定を完全に満たすことはできません。

　仮にコンセプトモデルに合わせた実験を構築できたとしても，データを取得する各種センサーの誤差やセンサーの取り扱いによる影響が実験結果に反映されてしまう場合があります。例えば，熱線流速計のセンサーを見やすくするためにスポットライトをあてて実験をしているならば，その熱流束を含めて測定してしまうといった取り扱い上の誤りもままあります。したがって，実験と計算が合わない場合に，数値解析が間違っているとは必ずしもいえません。

　その場合に数値解析側で第 1 に問題にすべきことは，市販ソフトウェアの検証です。図 1.7 に示すような検証が市販ソフトウェア側でなされているか，つまり，数値解析と同じ仮定を設定して得た正確値と一致することを確認したか，という点です。

　市販ソフトウェアは解析解やほかの数値解を比較することで検証を実施していると考えられますが，ユーザーとしては検証結果が正しいかどうかを確認する必要があります。検証 (Verification) までが開発元の責任ですが，バージョンアップ時点などで確認が漏れていることがまれにあるからです。

　妥当性の確認 (Validation) においては，計算解析と実験の間の定量的な比較の方法を設定し，それに基づいて合否判定を行います。市販ソフトウェアを使う場合には，図 1.7 のコンセプトモデルの正確度要件はユーザー自身で設定します。解析の利用目的を勘案しながら，また学会の情報

や専門家の意見を聞きながら，過剰にならないレベルで設定します。

　さて，妥当性の確認 (Validation) にあたっては，基本的な確認事項とし
て採取したデータの平均値同士を比較します。このとき，平均値がずれた
場合には，数値解析に妥当性はないといえるでしょうか。

　図 1.7 に示したように，ASME V&V 10-2006 では「不確かさの定量
化」という項目が明記されています。実験が対象とする材料には組成や温
度依存性に起因するばらつきがあるので，ある程度の回数の実験を行い，
平均値や分散を求めることで，不確かさを把握します。これは再現性とは
異なります。実験は何回繰り返しても同じ結果を出しますが，個々の実験
間にはばらつきがあり，平均値の周りに分散をもつという意味です。

　数値解析側では，材料パラメータの数値を変更することにより，材料特
性のばらつきを考慮した数値計算を行うことはできます。しかしながら，
数値解析では数値解を得るまでに個々のケースが長時間を要するものがあ
り，実験ほど軽やかに数多くのデータを採取するのは難しく，統計処理を
施すのに十分な数のデータをそろえることができない場合がしばしば起こ
ります。このとき，数少ない数値解析結果を実験結果に合わせ込んでしま
うということは推奨できません。条件が変化すると，数値解析で得られる
数値解に大きな誤差が生じる場合があるからです。すると，自信をもって
数値計算を未知の現象の予測に使うことができなくなってしまいます。こ
のような状況に対応する方法に応答曲面があります。

(4) 応答曲面

　長時間かかる数値解析を数少ない回数行うことで予測の精度を確保でき
る方法に，応答曲面という考え方があります [16]。一度は長時間計算を行
う必要がありますが，乱数や実験計画と呼ばれる手法に基づいて，数値計
算を行うケーススタディを必要最小限の数に抑えることができます。その
結果を使って，ケーススタディ間の各種パラメータの設定値のギャップを
埋めるようなデータ補間を行います。これにより，あるばらついた状態を
入力しても，それに対する長時間の数値解析を実施することなく，その入
力に対する応答として，応答曲面から結果を予測できます。

　この方法を使えば，短時間で数値計算のもつ平均値と分散特性を算出で

きます。正規分布といった確率分布を仮定することで，実験値と数値解析値のもつ累積確率を比較します。仮に実験と数値計算の平均値に差異があったとしても，ばらつきの分布に大きな差異がないとわかれば，平均値の差異だけを補正することで，数値解析の結果は使い物になります。この方法を使うと，不確かさを含めた正確度の定量的判定ができます [15]。

さらに応答曲面を求めておけば，それを使った最適設計も可能です [16]。応答曲面を作成し，不確かさの定量化から最適化に至る作業を自動化できる市販ソフトウェアも出てきました [17]。

(5) 市販ソフトウェアと妥当性の確認

一般に妥当性の確認 (Validation) の作業には長期間の粘り強い検討が必要です。購入後は，市販ソフトウェアを自身の業務に適用していくわけですが，その過程での妥当性の確認 (Validation) は購入者側で行います。その際には実験と数値解析の両面をよく知っている人をリーダーに立てて作業を行うべきです。V&V を実施する人は，コンセプトモデルを理解し，実験が妥当な内容となるように模倣モデル実験の設計や実験計画の設定，結果の統計処理などを行う必要があるからです。

妥当性の確認 (Validation) の結果，不都合などあれば，ソフトウェアの開発元や代理店などに相談し，ユーザー側でソフトウェアの使用法に誤りはないかという基本的な事項の確認から開始し，解決を図ります。なお，開発元や代理店に妥当性の確認 (Validation) の作業実施を依頼する場合には，購入者側はそのための対価を支払うことも必要であることを理解しておく必要があります。

(6) 妥当性の検証と解析解

さて，自作および市販ソフトウェアともに，妥当性の検証 (Verification) には解析解が有効です。そのような解析解は，講義ノート，教科書，論文などに掲載されています。解析解をたくさん知っておくと，上記のような課題を前にした際に，論理的な解決を行うことができるでしょう。したがって，数値解析に携わる人こそ，解析解とその導出プロセスを理解するための時間を確保しなければなりません。

　例えば，$\frac{du_1}{dt} = -8u_1 + 8$ という前出の常微分方程式は 1 階の線形微分方程式であり，解析解を出すことができます。

$$u_1(t) = 1 - \exp(-8t)$$

　この解は $t = 0$ で $u_1(0) = 0$ となり，初期条件を満たします。時間 t が十分大きく $t \to \infty$ になると，$u_1(\infty) = 1$ で一定となることがわかります。これは解が時間的に変化しない定常状態に到達することを意味します。この結果は，すでに求めた定常状態での数値解が 1 であることの説明にもなります。

　さて，この解に $t = 0.001, 0.002, 0.003$ を代入してみると，解析解は

$$u_1(0.001) = 1 - \exp(-8 \times 0.001) = 0.007968$$

$$u_1(0.002) = 1 - \exp(-8 \times 0.002) = 0.01587$$

$$u_1(0.003) = 1 - \exp(-8 \times 0.003) = 0.02371$$

であることがわかります。これらの解析解と先ほど求めた数値解 $0.008, 0.01594, 0.2381$ を比べることで，数値解が正しいことが示されます。

　このような比較は，数値解を求めるのに必要な Δt がどの程度の数値にすればよいかといったことの検討に使えます。読者の皆さんも，Δt を 0.1 と大きくした計算をやってみてください。実際に手を動かしてみることが数値解析の基礎を習得する上で大事なことです。

(7) 時間積分

　1.1.5 項で陽的オイラー法を説明しましたが，ここでは陰的オイラー法を見てみましょう。陽的オイラー法との違いは，右辺を $(n+1)\Delta t$ 時刻で評価する点にあります。つまり，

$$\frac{u_{1,n+1} - u_{1,n}}{\Delta t} = -8u_{1,n+1} + 8$$

となります。この式を $u_{1,n+1}$ について解いてやると，

$$u_{1,n+1} = \frac{u_{1,n} + 8\Delta t}{1 + 8\Delta t}$$

を得ます。このように，陰的オイラー法では $(n+1)\Delta t$ 時刻の未知数について解いてやる必要があります。

　この例では代数的に $u_{1,n+1}$ の計算式を導出できましたが，実際の数値解析では数値的に解くことが必要なので，陰的オイラー法は陽的オイラー法に比べて一般に計算時間が余計にかかります。一方，メリットは Δt を陽解法に比べて大きくとれるということです。この例題では，仮に無限大にしてみると $u_{1,n+1} \to 1$ であり，定常解が正しく得られることがわかります。

　特徴を示すために，Δt を 0.1 と大きくとって，陰的オイラー法で計算すると，

1) $\quad u_{1,1} = \dfrac{0 + 8 \times 0.1}{1 + 8 \times 0.1} = 0.4444$

2) $\quad u_{1,2} = \dfrac{0.4444 + 8 \times 0.01}{1 + 8 \times 0.01} = 0.6913$

3) $\quad u_{1,3} = \dfrac{0.6913 + 8 \times 0.01}{1 + 8 \times 0.01} = 0.8285$

となります。この場合の解析解は $0.5507, 0.7981, 0.9092$ であり，陰的オイラー法による数値解はそれらと比較し得る数値を出しています。もちろん，時間刻み幅を小さくすれば解析解に近づきます。

　一方，陽的オイラー法では数値解は $0.8, 0.96, 0.992$ となり，解析解との差が大きくなってしまいます。実際の数値計算で Δt を大きくとりすぎると，陽的オイラー法は発散（計算が暴走）してしまうことになります。

　長時間の計算を要するゆっくりした現象を扱うには，陰的オイラー法をはじめとする陰解法がよく使われます。計算量は増えるけれども時間刻み幅を大きくとることができるので，目的とする時刻までの計算に要する計算ステップ数を少なくでき，全体としての計算量を低減できるからです。

　一方，変化の速い現象の場合，現象を追跡するには時間刻み幅をもともと小さくしておく必要があるので，陽的オイラー法をはじめとする陽解法を使うことで，各時間ステップでの計算量が少ないというメリットを活かせます。これに加えて，陽解法は陰解法とは違って各時間ステップで方程式を解く必要がないので，計算機のメモリ使用量も少なくて済むという利点があります。

1.2 マルチフィジックスの数値解析

本節では，偏微分方程式の初期値境界値問題で記述される物理カテゴリが複数連成する場合のマルチフィジックスの数値解析がどのようなものかについて，連成の形態を中心に説明を行います。

本書で説明する物理カテゴリは，物理法則を基礎にして得られる方程式を利用します。そこで，マルチフィジックス解析で利用される偏微分方程式の初期値境界値問題が，物理法則からどのように導出されるのかというところから説明を行います。そうすることで，連成の形態がごく自然なものとして理解されるようになります。

1.2.1 物理法則に基づく偏微分方程式の導出方法

物理法則において重要な点は，いくつかの保存則があるということです。これによって，それらの法則によって決まる保存量がどのように時間と空間に分布するかを議論することができます。全体の量が保存されて初めて，ある量の増減についての検討を行うことができるのです。

さて，保存則は，基本的に次の偏微分方程式の形をしています。

$$e_a \frac{\partial^2 u}{\partial t^2} + d_a \frac{\partial u}{\partial t} + \nabla \cdot \Gamma = f$$

ここで，∇ は勾配演算子で $\left(\frac{\partial}{\partial x}, \frac{\partial}{\partial y}, \frac{\partial}{\partial z}\right)$，$\nabla \cdot$ は発散演算子です。

この式は一般形であり，時間に関する 2 階の微分項が含まれています。時間の 2 階微分は，固体力学の振動方程式，圧力音響や電磁波を記述する波動方程式といったものに出現します。

一方，ナビエ–ストークス方程式は運動方程式であり，加速度項をもつので時間の 2 階微分が出てくると想像するかもしれませんが，通常はオイラーの方法 [4] に従って流体の速度を未知数としているため，加速度は速度の時間の 1 階微分です。したがって，運動方程式の加速度項であっても，ナビエ–ストークス方程式の加速度項は時間の 1 階微分の形で記述されています。その場合には 2 階の時間微分の係数 e_a は 0 であると考えます。

ラグランジュ (Lagrange) の方法 [4] で流体運動を記述する場合には流

35

体塊の位置座標の時間変化を追跡するので，その場合には時間に関する 2 階の微分項が出てきます [4]。一般形を利用する場合には，未知数の物理的な内容も考察する必要があります。

　前述の非定常微分方程式は，空間を 1 次元とし，$e_a = 0$, $d_a = 1$, $\nabla = \frac{\partial}{\partial x}$, $\Gamma = -\frac{\partial u}{\partial x}$, $f = 8$ とすれば得られます。ここで Γ は流束 (Flux), f はソース項です。

　さて，考えている領域を Ω とし，上述の式を積分します。

$$\int_\Omega \left(e_a \frac{\partial^2 u}{\partial t^2} + d_a \frac{\partial u}{\partial t} + \nabla \cdot \Gamma - f \right) dV = 0$$

これにガウスの発散定理を適用すると，$\nabla \cdot \Gamma$ の空間積分は境界積分の形に変換されます。

$$\int_\Omega \left(e_a \frac{\partial^2 u}{\partial t^2} + d_a \frac{\partial u}{\partial t} \right) dV = \int_{\partial\Omega} (-\boldsymbol{n}) \cdot \Gamma dS + \int_\Omega f dV$$

ここで，$\boldsymbol{n}$ は境界 $\partial\Omega$ 上に立てた外向き単位法線ベクトルです。この式は，左辺にある物理量 u の時間変化の総量が，右辺第 1 項にある境界からの流束 Γ の流入量（$-\boldsymbol{n}$ がかかっているので内向き成分の境界積分）と右辺第 2 項にあるソース項の総量の和に等しいという関係を導いていることになります。

　また，右辺の第 1 項が境界から流入する流束に関係しており，左辺にある物理量 u の時間変化の総量が境界条件になりますので，計算領域内部の微分方程式では決めることができないものであることも理解できると思います。

　次項以下では，物理カテゴリごとに，流束 Γ がどのような形をしているか，境界条件で $(-\boldsymbol{n}) \cdot \Gamma$ がどのように設定されるのか，ソース項 f にどのようなものが含まれるか，それらが複数の物理カテゴリを考える際にどのように関係してくるのかといったことを説明します。

　連成解析は，材料構成則を介しての連成，保存則のソース項による連成，物理量の移流による連成，境界を介した連成，の観点から把握しておくと解析の見通しが良くなります [5]。それではそれらを順に見ていきます。

1.2.2 構成則と連成

　流束 Γ はベクトルあるいはテンソルです。実験の結果などを参照しな
がら決めた実験式でもあり，構成則ともいいます。まずは，どのような形
をしているか，いくつか例を挙げてみます。

　構成則には物性値が含まれます。この物性値が他の物理カテゴリの変数
の関数である場合には，該当する物理カテゴリとの連成が必要です。物性
値は一般に，温度や圧力への依存性があります。

　電気化学では化学種濃度 c と電位 V の勾配から構成されており，この
場合には電気化学の流束を考慮すると同時に，以下に示すような電位を扱
う物理カテゴリとの連成が必要になります。

【熱流束ベクトル】

$$\Gamma = -k\nabla T$$

フーリエの法則であり，温度 T と熱伝導係数 k で記述されます。

【拡散流束ベクトル】

$$\Gamma = -D\nabla c$$

フィックの拡散則であり，化学種濃度 c と拡散係数 D で記述されます。

【電流密度ベクトル】

$$\Gamma = -\sigma\nabla V$$

オームの法則であり，電位 V と電気伝導率 σ で記述されます。

【電気化学】

$$\Gamma = -D\nabla c - zu_m Fc\nabla V$$

拡散と電気泳動から構成されます。

【流体応力テンソル】

$$\Gamma = -pI + \mu\left(\nabla\boldsymbol{u} + (\nabla\boldsymbol{u})^T\right)$$

　ニュートンの線形粘性則であり，流速ベクトル (u, v, w)，圧力 p，粘性係数 μ で記述されます。

【応力テンソル】

$$\Gamma = J^{-1} F S F^T$$

$$J = \det F$$

　F は変形勾配テンソル，J は変形勾配テンソルの行列式（ヤコビアン），S は第 2 ピオラ–キルヒホッフ (Piola–Kirchoff) 応力テンソルです [6]。Γ は固体力学では σ と書き，コーシー (Cauchy) の応力テンソルと呼びます [6, 10, 11]。

1.2.3　保存則のソース項による連成

　ソース項は方程式の右辺にくるものです。ソースとは湧き出し (source) のことですが，吸い込み (sink) も含めています。ソース項が正の場合は湧き出しであり，ソース項が負の場合には吸い込みということになります。

【発熱項】

$$f = Q$$

　化学反応熱，ジュール熱，マイクロ波加熱などがあります。化学反応熱は化学種濃度の関数です。ジュール熱は電流と，マイクロ波加熱は電界や磁界と関係します。伝熱には化学種濃度，電流，電界・磁界に関する情報はありませんので，それらを扱う物理カテゴリと連成解析を行うことになります。

【化学反応項】

$$f_i = R_i$$

　これは第 i 種の化学種に対する反応速度項です。反応速度項はアーレニウス (Arrhenius) 式を使うことがよくあります。その場合，温度の関数になりますので，連成を生じます。

【体積力】

$$\boldsymbol{f} = \rho(0, 0, -g)$$

ρ は密度，g は重力加速度です。密度は温度や圧力の関数ですので，密度を通じて連成が生じます。

1.2.4 物理量の移流による連成

場に流体流れがある場合には，温度や化学種はそれによって移流 (advection) されます。したがって，基礎式に移流項がある場合には，流体力学との連成解析をすることになります。

【温度の移流】

$$\boldsymbol{u} \cdot \nabla T$$

【化学種の移流】

$$\boldsymbol{u} \cdot \nabla c$$

1.2.5 境界を介した連成

$(-\boldsymbol{n}) \cdot \Gamma$ の形の量が境界上にある場合，外部からの流入流束ベクトルとの連成を考えることになります。$\Gamma = -a\nabla f$ と表されている場合，$(-\boldsymbol{n}) \cdot \Gamma = (-\boldsymbol{n}) \cdot (-a\nabla f) = a\frac{\partial f}{\partial n}$ の関係があります。つまり，f の法線方向微分値に係数 a を掛け算したものになります。

【境界熱流束】

$$(-\boldsymbol{n}) \cdot \Gamma = h\,(T_{\mathrm{amb}} - T)$$

この式では，表面の温度 T が周囲の温度 T_{amb} よりも高い場合には上式の右辺が負になります。つまり，表面から周囲へ向けた熱流束があることを意味します。逆に表面温度が周囲の温度よりも低ければ上式の右辺は正となり，周囲から表面に向かって熱流束が流入してくることになります。h は熱伝達係数と呼ばれます。例としては，対流熱伝達があります。

【質量伝達】

$$(-\boldsymbol{n}) \cdot \Gamma = h_m\,(c_{\mathrm{amb}} - c)$$

この式は温度に関する熱伝達の式と同じ形をしています。周囲の濃度 c_{amb} と表面の濃度 c の大小関係によって，表面に濃度の流束が流入したり，表面から流出したりします。h_m は物質伝達係数と呼ばれます。例としては，表面での水分の蒸発があります。

【境界連成】

構造体が流体と接している境界面では，構造と流体の連成が生じています。したがって，構造体は単位面積あたりの境界荷重として，流体による応力を受けて変形します。構造体の変形とは変位するということであり，その 1 階時間微分をとると変形の速度ベクトルになります。

流体は 4.1.1 項および 4.5 節で説明するように，壁の移動速度に追従する（すべりなし条件）ので，境界面での流体流速ベクトルが決まることによって，流体側に流体運動が誘起されます。したがって，流体側から構造体への一方向連成と，流体－構造体の双方向連成のいずれかが考えられ，双方向連成の場合には，4.5 節で説明するように，流体領域の領域変形を移動メッシュで取り扱う必要があります。

以上の項目を次のようにまとめます。双方向連成時は流体領域の変形の連成が追加されます。

①構造境界荷重＝境界上の流体応力
②構造変位の時間 1 階微分＝境界上の流体流速ベクトル

参考文献

[1]　菊地文雄，齋藤宣一：『数値解析の原理』，岩波書店，2016.

[2]　齋藤宣一：『数値解析入門』，東京大学出版会，2012.

[3]　神部勉：『偏微分方程式（理工学者が書いた数学の本）』，講談社，1987.

[4]　今井功：『流体力学（前編）』，裳華房，1976.

[5]　『いまさら聞けない計算力学の常識』，社団法人土木学会 応用力学委員会計算力学小委員会編，丸善出版，2019.

[6]　Yuri Bazilevs, Kenji Takizawa, Tayfun E. Tezduyar：『流体－構造連成問題の数値解析』，津川祐美子，滝沢研二共訳，森北出版株式会社，2015.

[7] 石川博幸，青木伸輔，日比学：『有限要素法のつくり方』，日刊工業新聞社，2014.

[8] 長嶋利夫：『応力解析のための有限要素法理論とプログラム実装の基礎』，コロナ社，2018.

[9] 古川達也，高野直樹，杉本剛，木島秀弥，田村茂之：鋼材成分のばらつきを考慮した焼入れプロセスの相変態—熱伝導連成解析と温度に対する感度解析，『日本機械学会論文集』，No.20-00096 [DOI: 10.1299/transjsme.20-00096]，2020.

[10] 竹内則雄，樫山和男，寺田賢二郎：『有限要素法の基礎（第 2 版）』，森北出版，2020.

[11] 高野直樹，浅井光輝：『メカニカルシミュレーション入門』，コロナ社，2008.

[12] 青木隆平，長嶋利夫：『設計技術者が知っておくべき有限要素法の基本スキル』，オーム社，2018.

[13] The American Society for Mechanical Engineers: ASME V&V 10-2006, Guide for Verification and validation in Computational Solid Mechanics, 2006.

[14] 白鳥正樹，越塚誠一，吉田有一郎，中村均，堀田亮年，高野直樹：『工学シミュレーションの品質保証と V&V』，丸善，2013.

[15] 『いまさら聞けない計算力学の常石』，社団法人土木学会 応用力学委員会計算力学小委員会編，丸善出版，2020.

[16] 鎌田慶宣，福島広隆，萩原一郎：『応答曲面法を用いた低周波数域車内音低減最適化技術』，日本機械学会論文集 (C 編)，68 巻 673 号，2002.

[17] SMARTUQ: https://www.smartuq.com/（2021 年 10 月 31 日参照）

第2章

マルチフィジックス解析の勘所

　　本章ではマルチフィジックス解析を実施する上でのポイントを説明します。最も重要なことは，マルチフィジックスを構成する複数のシングルフィジックス解析がきちんと動く状態にした上でマルチフィジックス解析に進んでいくという点です。

　　実務においては，論文を参照し，その内容を自分の使用している解析環境で再現するところから始めるのが一般的ですので，本章の後半では，そのあたりも意識した説明を進めていきます。市販のソフトウェア COMSOL Multiphysics を援用することで，理解を深めることができるように工夫しました。第1章で説明した数値解析の要素である方程式，境界条件，メッシュ，結果の処理の一連の手順も含まれます。

2.1　シングルフィジックスの確認

　マルチフィジックス解析を実施する前に，それらに含まれる個々のシングルフィジックス解析がうまく動作するかを確認することが重要です。本節では，マルチフィジックス解析を必要とする課題が与えられたときに，シングルフィジックスからどのようにマルチフィジックスへ解析を進めていけばよいかを説明します。

2.1.1　材料および材料構成則による連成の切り離し

　ここでは流体力学を例に挙げます。流体力学には，流体の加速度を表す式に単位体積あたりの流体質量である密度が含まれます。密度は一定として扱うことが多いのですが，温度分布が生じる場では，温度によって密度が変化する影響を考慮しなければならない場合があります。流体力学には温度の情報を発信する機能がありませんので，この場合には伝熱との連成が必須です。

　材料による連成は，この密度のように材料物性が温度依存性をもつことにより生じることが最も多いです。物性の温度依存性は，温度の多項式を使って表現されます。これにより，温度を決める物理カテゴリは伝熱ですが，連成解析の中に温度に関する非線形性が入ってくることになります。

　非線形の方程式を解くのはなかなか難しく，計算時間もかかります。したがって，温度依存性がある場合でも，解析する温度範囲に含まれる平均的な温度値での物性値を算出し，その値に固定した状態で連成解析をするのがよいと考えられます。

　例えば，熱伝導係数と粘性係数が含まれたマルチフィジックス解析を行う場合は，伝熱と流体の連成解析になっているはずです。まずは，ある温度におけるそれらの数値を定数とした計算を行います。それがうまくいったら，熱伝導係数あるいは粘性係数のいずれかを温度依存式に戻して，計算を行ってみます。そこがうまく動けば，次に熱伝導係数および粘性係数の両方を温度依存式に戻して，計算を行います。

　計算がうまく収束しなければ，うまくいかなかった方を定数にして計算を収束させます。収束した計算値を使って温度と流体の場を調べると，結

果のおかしい場所が見つかるかもしれません。その原因を追究すると，設定を間違えているとか，メッシュの配置が良くないといったことに気づくことがあります。それらを修正したのちに，再び目標とする両方の温度依存性を計算に含めてみると，今度は計算が収束するということがよくあります。

　材料構成則の例として，電気化学を見てみます。電気化学では流束が

$$\Gamma = -D\nabla c - z u_m F c \nabla V$$

で表現されます。電位 V の空間勾配がありますが，電位 V が一定だとすると，電気との連成を切り離すことができます。すると，空間濃度 c の影響のみを検討できるので，濃度の計算がうまくいかない場合には，メッシュの空間配置が適切かどうかといったことに集中して原因の追究ができます。そこが計算できるようになれば，電位の空間分布を含めて再度計算を行います。

2.1.2　保存則のソース項による連成の切り離し

　ソース項は計算に大きな影響を与えます。例えば，ジュール発熱による熱対流のマルチフィジックス解析を行っているとします。そのとき，ジュール発熱に関する計算で物性値などに間違いがあり，実際よりも大きな電流が流れるような計算をしていると，ジュール発熱量が過大なものとなり，熱対流の流速が加速されすぎてしまうので，流体解析の安定性を損なってしまうかもしれません。

　ソース項で発熱を扱う場合には，計算結果を見て悩むのではなく，手計算によって発熱量をおおまかに推定してみて，計算されたソース項が妥当な大きさになっているかどうかを確認するとよいでしょう。もし，ソース項が推定値と大きく異なる場合には，まずは推定値を定数として計算に設定し，計算してみましょう。その場合には熱対流がうまく動くのであれば，熱対流側には問題がないと判断できるので，ソース項を算出している物理カテゴリ側での原因追究に集中します。設定ミスや物性値のミス，単位のミスなどの有無が検討項目になります。

　では，熱対流の計算がうまくいかない場合はどうしたらよいでしょう

45

か。熱対流では温度差による浮力が働きますが，浮力は温度差に加えて重力加速度に依存します。そこで，重力加速度を小さくしてみるのも良い考えです。これによりうまくいくであれば，元の重力加速度で決まる浮力で誘起される流体流速の増速を扱える，適切なメッシュ配置になっていないのかもしれませんので，メッシュの配置を検討してみましょう。重力加速度を徐々に元の数値に戻しながら様子を見ていくとよいでしょう。

　計算が発散した状態で気落ちしているだけではその先に進めません。工夫をしながら，少しでも数値解が見えてくるようにすることが大事です。すると，いままで見過ごしていた箇所でのメッシュが粗いことに気づき，そこを修正すれば計算が収束するといったこともよく経験されます。

2.1.3　物理量の移流による連成の切り離し

　移流がある場合は，流体力学との連成が必須です。移流があると，物理カテゴリの中に次式で表される移流項が入ってくるからです。そこには流速ベクトル成分 (u, v, w) が必要です。温度の移流の場合を以下に示します。

$$\boldsymbol{u} \cdot \nabla T = u\frac{\partial T}{\partial x} + v\frac{\partial T}{\partial y} + w\frac{\partial T}{\partial z}$$

u, v, w は，このフィジックスの外部からのデータとして与える必要があります。そのためには流体力学の基礎方程式であるナビエ–ストークス方程式を解く必要があります。

　さて，移流の計算には流体力学から計算された流速ベクトルを利用しますが，流体計算がうまくいっているかどうかを確認する前に連成解析を行うのはやめた方がよいでしょう。また，流体力学の計算がうまくいかない場合には，経験豊富な流体力学の専門家に見てもらう方がよいでしょう。

　専門家に相談する際には，流体力学の計算がうまく動かない原因であるということを説明する必要があります。例えば，パイプ内の流れを扱っているとします。パイプ内部の流れ場は，定常状態を仮定すると，ハーゲン–ポアズイユ (Hagen–Poiseuille) 流れにあるような，放物型の速度分布を表現できる式で記述できます。そこで，移流項の速度ベクトル成分に該当する速度成分を式表現の形で入力すれば，流体力学を解くことなく，移

流効果を含む解析を行うことができます。

　最新のソフトウェアでは，そのような式の入力もできるようになっています。その結果マルチフィジックス解析がうまく動いたとなると，やはり流体力学の計算側に問題があると考える根拠になります。

2.1.4　境界を介した連成の切り離し

　境界を介した連成の切り離しは，構造−流体連成や構造−音響連成を行う場合に考えます。この連成では，一般に構造側の変形が小さい場合には，流体あるいは圧力音響を先に解いておき，流体からの応力や，圧力音響から得られる音圧を使って固体力学の境界荷重を決め，その結果として構造応力変形を算出するのが良い方法です。つまり，一方向の連成として問題を考えるということです。

　一方で，どうしても双方向連成問題として解く必要がある場合には，双方向連成に加わる物理カテゴリがシングルフィジックスごとにうまく動くかを確認することが重要です。各々のシングルフィジックスの設定や動作には問題がなければ，マルチフィジックスとしての連成解析に取りかかります。

　このとき，まず弱い連成強度でマルチフィジックス解析を行い，うまく計算を収束させることを目指します。強度を弱くするには，境界上の情報のやり取りにおいて，そこに 1 よりも小さい実数因子 (factor) を掛け算し，影響を小さくします。収束解が得られれば結果を処理できます。シングルフィジックスとしては妥当性を確かめてありますので，解の挙動におかしな点があれば，連成の箇所に原因があると考えられ，的を射た問題分析ができます。

　連成の箇所は境界面上ですので，境界上のメッシュの配置が物理的に妥当か（解の変化の激しいところに密にメッシュが配置できているかなど）といった分析を行い，メッシュを少しずつ調整し，そのたびにマルチフィジックス解析を実行して効果を見ます。これを繰り返すことになるでしょう。

　おおよそうまくいくようになったら，収束した状態の因子（例えばfactor=0.1）を最初の状態として，factor を 0.1 から 1 まで徐々に大きく

してみます。良い初期状態が与えられれば，収束計算はずいぶんと楽になります。

つまり，収束する初期状態を求め，そこから徐々に次の段階の解を求め，各段階での収束性を確保しながら目的の数値までもっていくという考え方です。この方法は一般性があり，他の場面でも活用できます。

構造 − 流体連成問題では，双方向連成の場合，構造の変形に応じて流体領域のメッシュを移動させます。したがって，連成解析時にはメッシュの図を数値解と重ねて表示させておき，計算中のメッシュの変形具合を観察することが大事です。初期のメッシュ配置のみを確認して計算を開始し，計算が発散したと嘆く人がいますが，メッシュの変形を見てみると，メッシュが移動時によじれてしまって計算できなくなっているということがすぐにわかります。

数値解析ソフトウェアの可視化システムは，他人に計算結果を見せるだけではなく，自身の問題解決にも役立つものです。自身の計算内容をできるだけ可視化して，妥当な進め方ができているかを常に観察する習慣をつけるとよいでしょう。

ここで述べた内容のほかに，もっといろいろな疑問を解決したい，数値解析のコツのようなものを知りたいとお考えの方は，文献 [1-3] などを参考にするとよいでしょう。

2.2　連成解析の実際

それでは，マルチフィジックス解析のうちで一方向連成解析あるいは双方向連成解析を行う実際の様子を見ていきます。操作のイメージをつかんでいただくために，市販の汎用マルチフィジックス有限要素解析ソフトウェア COMSOL Multiphysics を使いながら，どの程度の手間で解析ができるかといったことを説明します。

ここでは操作画面である COMSOL Desktop のうち，モデルビルダーを利用します（図 2.1 参照）。モデルビルダーは解析モデルを開発するために使用します。マルチフィジックス解析に関連した必要項目をすべ

て設定でき，ジオメトリ（形状）作成，物理設定，メッシュ作成，計算，
結果処理という一連の作業を行うことができます。詳細は，付録を参照し
てください。

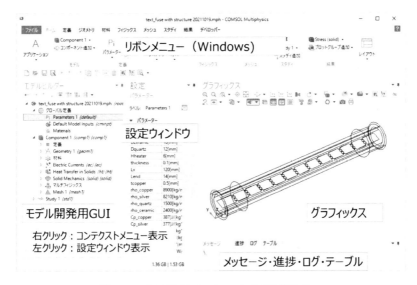

図2.1　COMSOL Desktop とモデルビルダー

2.2.1　電流と伝熱の連成

　電気に関する重要な部品に，ヒューズがあります。高い電流がそこを流
れるとジュール熱が発生し，温度が急上昇します。その温度がヒューズの
材料として使われている金属の融点に達すると溶けてしまい，電流の経路
を遮断しますので，安全装置として利用されています。

　テレコム供給電源網や電気自動車では高電圧の直流技術が重要な技術と
なってきています。ここでは図2.2に示す直流ヒューズの解析例を紹介し
ます。なお，ここでの問題設定は文献[4]を参考にしています。

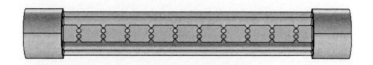

図 2.2　直流ヒューズの解析モデル

　まず，この問題に生じる現象に含まれている物理カテゴリの種類を分析します。導体を流れる電流を支配する法則はアンペール (Ampère) の法則です。定常解析を行うものとすると，電流保存則として次式を得ます。

$$\nabla \cdot j = 0$$

ここで，j は電流密度ベクトルです。オームの法則に従うとすると，電位 V との間に

$$j = -\sigma \nabla V$$

の関係が成立します。ここで，σ は電気伝導率です。つまり，この物理カテゴリの方程式は，

$$\nabla \cdot (-\sigma \nabla V) = 0$$

であり，電位 V が未知数ということになります。単位体積あたりの発熱量 Q は

$$Q = \sigma \left(\nabla V \cdot \nabla V \right) = \sigma \left(\left(\frac{\partial V}{\partial x} \right)^2 + \left(\frac{\partial V}{\partial y} \right)^2 + \left(\frac{\partial V}{\partial z} \right)^2 \right)$$

の関係式を使って電位 V から算出できます。

　文献 [4] に記載の基礎方程式とここで利用する市販ソフトウェア COMSOL Multiphysics の基礎式は，すべて一致しています。これは開発側とユーザー側のコンセプトモデルが一致していることを意味しています。COMSOL Multiphysics では後述の通り，方程式セクションを参照することで基礎方程式の確認ができるので便利です。

　境界条件は，電極に電流を与えるノイマン条件[1]，接地条件 (GND) を与えるディリクレ条件の2つで，あとは絶縁になります。物性の異なる境界面では電流の連続条件を課します。

　COMSOL Multiphysics でのモデルビルダーの設定では，電流を印加するためのターミナル条件と接地条件に関するノードを合計2個追加するだけです。絶縁や内部境界面の電流の連続条件は自動的に設定されます。電流を計算するための基礎式や必要な物性値などは，方程式セクションで確認できます。（図 2.3 ①参照）

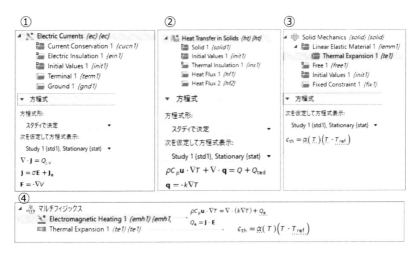

図 2.3　各物理の設定とマルチフィジックスノードの内容

　次の段階では，温度分布を求めます。これには定常状態での熱流束 $q = -k\nabla T$ の保存則を使います。

$$-\nabla \cdot (-k\nabla T) + Q = 0$$

未知数は温度 T，Q は先ほどのジュール発熱項です。ここでも COMSOL Multiphysics の基礎式と論文の基礎式は一致しています。

1　電流密度は電位の空間勾配に電気伝導率を掛け算したものであるので，ノイマン条件になります。電位を与える場合はディリクレ条件になります。

　境界条件は，ヒューズの外側境界が外気に触れており，そこには自然対流による冷却が生じることを考慮して，熱伝達境界を使います。

$$(-n) \cdot (-k\nabla T) = h\left(T_{amb} - T\right)$$

ここでは，実験から求めた熱伝達係数を使うことで計算規模を低減した上で精度を確保します。論文にならって，セラミック表面では 14.5 W/(m^{2}K)，銅表面では 21 W/(m^{2}K) としました。

　COMSOL Multiphysics のモデルビルダーの設定では，熱伝導方程式の形や物性値（フーリエの法則の形も含む）を方程式セクションで確認できます。熱伝達境界条件に関するノードを合計 2 個追加するだけです（図 2.3 ②参照）。

　熱伝達境界条件の内容も，設定ウィンドウの方程式セクションで確認できます。マルチフィジックスノードを参照すると，熱伝導方程式の発熱項がジュール加熱による発熱項の式表現とともに確認できます（図 2.3 ④参照）。

　さてこの例では，図 2.2 に示したように，過大な電流が流れる銀の板にはたくさんの穴をあけ，かつ外側にもノッチを設置しています。導電体を流れる電流の通路幅を狭くすると，そこでの電流密度を増やすことができ，発熱量を大きくすることができるというのがその理由です。穴は 1.68 mm とし，全体で 12 列の配置としました。銀の板厚は 0.1 mm，幅は 6 mm です。全長は 120 mm で，銀の板の周りにはクオーツとセラミックがあります。

　各寸法は，設計時に簡単に寸法変更ができるように，パラメータ化します。ジオメトリはそれらのパラメータで表現しておきます。ジオメトリを変更する際に手間がかからないというメリットがあるからです。また，さらなるメリットとして，モデルを構築した後に第 5 章で説明する寸法最適化が適用できることになり，設計に役立ちます。

　作成したジオメトリに有限要素解析用のメッシュを自動生成した結果を図 2.4 に示します。電流が流れる場所は，銅でできたキャップ（両端）とそれにつながる銀板のヒューズです。したがって，この領域には材料物性として電気伝導率を与える必要があります。ジュール発熱もこれらの

図 2.4　直流ヒューズモデルのメッシュ

領域で生じます。電極は銀板の端面で 32 A を印加し，もう一方の端面に GND を設定しました。

　温度分布は，すべての領域で熱伝導方程式を解く必要があります。したがって，すべての領域で熱伝導係数，密度，定圧比熱が必要です[2]。具体的な物性値は参考文献 [4] の Table 1 に掲載されています。

　前述の考え方を使って，まずは電気伝導率と定圧比熱は温度に依存せずに一定値として，電流から伝熱に進む一方向の連成解析を行いました。うまく計算が収束することを確認した後に，それらの温度依存性を次のように与えることで [4]，電流と伝熱の間の双方向の連成解析を行いました。

　銅部分：

$$\frac{1}{\sigma(T)} = 1.58 \times 10^{-8} + 6.794 \times 10^{-11} (T - 273.15) \, \Omega\mathrm{m}$$

$$C_p(T) = 387 + 38.7 \times 10^{-3} (T - 273.15) \, \mathrm{J/(kgK)}$$

　銀部分：

$$\frac{1}{\sigma(T)} = 1.5 \times 10^{-8} + 6 \times 10^{-11} (T - 273.15) \, \Omega\mathrm{m}$$

$$C_p(T) = 377 + 29.029 \times 10^{-3} (T - 273.15) \, \mathrm{J/(kgK)}$$

　温度依存性をもつ双方向解析の結果を図 2.5(a) に示します。この例では非常に大きな電流を流しますので，双方向連成での計算は必須です。銀板の箇所で狙い通りに温度が非常に高くなっていることがわかります。銀板の電流密度ベクトルを見ると，図 2.5(b) のように電流の通路が狭くなっている部分で大きくなっていることがわかります。実験では温度分布

2　定常の場合は密度，定圧比熱は不要ですが，時間依存解析を行う場合もあるのでそれらも設定しておきます。

は測定できますが，電流分布の詳細を測定するのは容易ではありません。

　このように，予備計算で銀板の穴径をいくつか変更した計算を行いましたが，わずかな寸法の変更で最高温度値に大きな影響を与えることがわかりました。実験で寸法の変化による影響を検討するのはコストがかかりますが，マルチフィジックス解析を使うことで，実物を作成する前に十分な検討が短時間で実行できます。

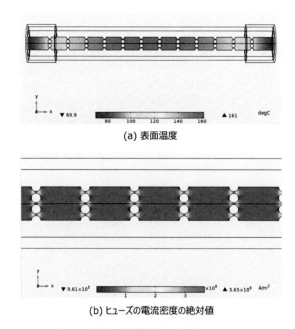

(a) 表面温度

(b) ヒューズの電流密度の絶対値

図 2.5　電流－伝熱の双方向連成の計算例

2.2.2　固体力学による応力変形解析

　ここまでで銀板の温度分布が得られましたので，固体力学に熱ひずみを考慮した熱膨張の解析を続けて行います。これは文献 [4] では実施されていない項目ですが，マルチフィジックス解析環境があれば，すぐに拡張して複雑な内容を伴う計算を追加できるので便利です。

　固体力学の支配方程式はコーシーの方程式，熱ひずみは固体の線膨張係

数 α と，固体の温度と参照温度の差との積です。これを弾性ひずみに加えた形で固体力学を解くことで，熱膨張による応力変形を計算できます。

COMSOL Multiphysics のモデルビルダーの設定では，線形弾性材料ノードの下に熱膨張ノードを追加し，固体力学の変形応力解析に必要な固定拘束ノードを追加するだけです。熱ひずみの具体的な形は方程式セクションで（図2.3③参照），熱ひずみはマルチフィジックスノードで確認できます。（図2.3④参照）

計算された応力変形の様子を図2.6に示します。銀板は両端を固定拘束としました。計算結果から，最大で15.3 μm の変位を生じており，穴をあけている箇所で急激な変形を繰り返し生じていることがわかります。このことから，穴は発熱量を増加させる役目に加えて，固体変形をさせることでその箇所を急激に破断させることにも寄与すると考えられます。

図2.6　熱膨張による固体変形解析

ここまで，文献調査，そこからのジオメトリや物性値，計算条件の読み取りを経由して，COMSOL Multiphysics のモデルビルダーでのモデル開発と計算結果の確認までを説明しました。

従来の計算工学 (CAE: Computer Aided Engineering) ですと，このような開発モデルを使って条件を変えた計算は，専門家の手によってなされていました。しかし，開発されたモデルを使ったパラメータスタディを一般の人でも行えるようにすれば，人手不足を嘆くこともなく，むしろ多数の人たちを解析に投入できます。

　そのためには，開発したモデルを間違いなく使えるような教育をすると
か，モデル開発に使っているソフトウェアの操作法の教育も併せて行うと
いった課題を乗り越える必要があります。これまでは，教える側はそのよ
うなことに時間を割くことができず，教わる方にとっても難しい内容は
ハードルが高いものでした。

　ところが現在では COMSOL Multiphysics を使って計算工学アプリ
（以後，CAE アプリと称す）を簡単に作成することができ，ソフトウェア
の操作を知らない人たちでもタブレットやスマートフォンやあるいは自分
の PC に実行形式ファイルをインストールすることで，すぐに使えるよう
になりました。本書の第 6 章では，そういった開発モデルを CAE アプリ
とその配布機能を使って効果的に運用する方法を説明しています。

　ここで説明したヒューズを CAE アプリにした例を図 2.7 に示します。
タブ機能を持たせた画面表示もシンプルな手続きで作成することができま
す [5]。このような CAE アプリを作成するアプリケーションビルダーと
作成手順の概要は，付録を参照してください。

　CAE アプリを使わない従来の方法では，図面を介して解析モデルの 3
次元形状を確認することは難しいのですが，この CAE アプリを使えば，

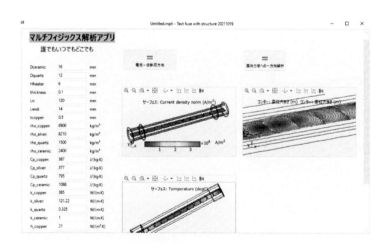

図 2.7　ヒューズのマルチフィジックス解析用のアプリ

ユーザーは形状を回転させて裏側まで観察でき、拡大して細部を調べることができます。また，ワイヤーフレーム表示に切り替えることで内部構造も容易に確認できます。

さらに，形状に計算結果を重ねて表示させることができるので，温度や電流の分布や固体変形の様子も確認できます。したがって，従来の図面を使った方法に比べて伝達事項が明確かつ正確になります。

CAE アプリのユーザーは、モデル全体を短時間に把握できます。さらに、CAE アプリの左側に並ぶ入力項目を変更すると，新しい条件での計算を行うことができます。

製品の使用環境の影響を見たい場合、例えば熱伝達係数を変更すれば，自然対流下あるいは強制対流下でヒューズの最高温度がどのように変化するかといったことを即座に検討できます。このような機能があれば，客先で議論をしながら要求仕様決めを行うことも可能です。

ソフトウェアの操作を学習する時間は全く要りません。CAE アプリを手にとれば，誰でも・いつでも・どこでも数値解析を利用できます。見た目は簡素化されていますが，中身は高度な有限要素解析のままです。次世代の CAE 展開の姿といえるでしょう。

参考文献

[1] 『いまさら聞けない計算力学の常識』，社団法人土木学会 応用力学委員会計算力学小委員会編，丸善出版，2019.

[2] 『いまさら聞けない計算力学の定石』，社団法人土木学会 応用力学委員会計算力学小委員会編，丸善出版，2020.

[3] 青木隆平，長嶋利夫：『設計技術者が知っておくべき有限要素法の基本スキル』，オーム社，2019.

[4] Adrian Plesca：Numerical Analysis of Thermal Behaviour of DC Fuse, *Energies*, 13, 3736, 2020.
https://www.researchgate.net/publication/343089960_Numerical_Analysis_of_Thermal_Behaviour_of_DC_Fuse

[5] Hashiguchi, M., Mi, D.: Education and business style innovation by Apps Created with COMSOL Multiphysics Software, COMSOL Conference 2018 Boston, 2018.
https://www.comsol.jp/paper/education-and-business-style-innovation-by-apps-created-with-the-comsol-multiphy-66441 (2021 年 10 月 27 日参照)

第3章

電気化学の応用

　電気化学システムは，電気防食，メッキおよび電池など工業分野において広く応用されています。また，数値シミュレーション技術は産業界のものづくりの実際の現場に普及しており，電気化学システムの設計や現象解析などに用いられています。これに伴い，電気化学セル内電極の動力学，電極および電解質内の電流伝導，電解質内のイオンの輸送，および流体の流れなど，様々な物理現象が相互に影響しあうマルチスケール・マルチフィジックス現象のシミュレーションがますます要求されています。本章では，その基礎となる電気化学の計算理論を丁寧に解説します。

3.1　電気化学の計算理論

本節では，腐食解析を例にとり，電気化学理論の説明を行います。構成要素としては，金属，電解質，金属溶解反応により金属表面変形があり，それらの理解が次世代の技術に携わる人にとって重要です。電気化学の計算理論 [1] を理解した人は腐食や防食の例を通して，電気化学の理論を運用する方法を身につけることができます。

3.1.1　ネルンスト–プランク方程式

電解質中の正負イオンの輸送を支配する方程式として，次式で記述されるネルンスト–プランク (Nernst–Planck) 方程式があります [2]。

$$\mathbf{N}_i = -D_i \nabla c_i - z_i u_{m,i} F c_i \nabla \phi_l + c_i \boldsymbol{u}$$

ここで，$\mathbf{N}_i$ は化学種 i のフラックス，c_i は濃度，D_i は拡散係数，$\boldsymbol{u}$ は速度，z_i はイオン価数，$u_{m,i}$ はイオンの移動度，F はファラデー定数，ϕ_l は電位です。

これによって，化学種の輸送が下式で示されます。

$$\frac{\partial c_i}{\partial t} + \nabla \cdot (-D_i \nabla c_i - z_i u_{m,i} F c_i \nabla \phi_l + c_i \boldsymbol{u}) = R_i$$

ここで，R_i は反応による生成または消費速度です。電気的中性の条件は $\sum z_i c_i = 0$ で示されます。

3.1.2　電流密度分布

従来の境界要素法などの解析モデルは，電解質中の電気伝導率を均一として扱うことが多いですが，イオン濃度差がある場合の電気伝導率分布は均一ではありません。電解質中の電位は，電流保存則に従って次式で表されます。

$$\nabla \cdot \mathrm{i}_l = 0$$

$$\mathrm{i}_l = F \left(\sum_i (-z_i) D_i \nabla c_i - \nabla \phi_l \sum_i (z_i)^2 u_{m,i} F c_i \right)$$

ここで，i_l は 3 次電流密度分布といいます。電気化学における電流密度は
1 次、2 次および 3 次の電流分布に分けられます。1 次電流分布は，電極
表面につながる拡散層および電気化学反応を含めません。2 次電流分布
は，電極表面につながる拡散層を含めず，電気化学反応を過電圧として扱
います [3]。

　電気化学システムにおいては，溶液の電気伝導率を高めるため，塩や酸
などを溶液に加入し支持電解質として利用します。支持電解質は電極表面
反応に参加していないため，その中での電流密度の計算は 1 次あるいは 2
次電流分布で行われます。

$$\mathbf{i}_l = F \sum_i \left(-z_i{}^2 \right) u_{m,i} F c_i \nabla \phi_l$$

ここで，$\kappa = F \sum_i z_i{}^2 u_{m,i} F c_i$ は電気伝導率であり，次式に書き直せます。

$$\mathbf{i}_l = -\kappa \nabla \phi_l$$

κ は実際の測定値を利用することで，2 次電流密度分布による解析には化
学種輸送の計算が不要になります。支持電解質を利用する 3 次電流密度
分布を求める場合は，電極表面反応に参加する化学種の輸送計算を行い
ます。

3.1.3　金属表面の化学反応

　金属表面での様々な化学反応は金属表面の電流密度と電位の関係
である分極特性として扱われます。COMSOL Multiphysics の腐食解
析モジュールには，バトラー–ボルマー (Butler–Volmer) 式，ターフェル
(Tafel) 式，濃度依存反応式あるいはユーザー定義の方程式の設定が提供
されます。実験データを表データあるいは実験式として入力することも可
能です。化学種濃度に依存するバトラー–ボルマー式 [4] は

$$i = i_0 \left[\frac{c_a}{c_b} \exp \left(\frac{\alpha_a F}{RT} \eta \right) - \frac{c_c}{c_b} \exp \left(-\frac{\alpha_c F}{RT} \eta \right) \right]$$

で示されます。ここで，i_0 は分極特性の交換電流密度，c_a，c_c と c_b は
それぞれアノードとカソードの表面および電解質バルク中の化学種濃度，

α_a と α_c はアノードとカソードの電荷交換係数，T は絶対温度，R は気体定数です。また，η は過電圧です。

3.2　腐食の数値解析

電気化学の応用として非常に大きな価値のある分野に，腐食解析があります [5]。腐食には全面腐食と局部腐食があります。このうち，局部腐食は腐食する箇所と腐食しない箇所が明確に分かれます。代表的な局部腐食には，ガルバニック腐食，すきま腐食，孔食，応力腐食，迷走電流腐食，エロージョンがあります。防食は，腐食を防ぐ方法を検討するものであり，防食法にはカソード防食法とアノード防食法があります。

3.2.1　腐食

腐食解析は腐食の各種類の環境に強く依存しているため，ここでは最も一般的なガルバニック腐食 [6] とすきま腐食 [7] を例として解析方法を示します。

(1) ガルバニック腐食

鉄鋼材料の腐食を防ぐ方法（防食法）には様々な種類がありますが，一般的に古くから使われているものに，Zn メッキを用いた防食法があります。例えば，道路の標識柱や電柱，工事現場のフェンスなど，日常的に目にしているものも多くあります。

Zn メッキには，溶けた Zn に鋼を沈めて作る溶融メッキ法や，電気を流して製造する電気メッキ法などがあり，用途によって使い分けられます。表面の Zn メッキの厚みは，10 μm 程度から 100 μm 程度までです。Zn をメッキして防食するのは，Zn が Fe よりも腐食しやすい卑な金属であるためで，これはガルバニック（異種金属接触）腐食の典型的な例 [8] です。図 3.1 に厚み 50μm の Zn メッキが一部剥がれて Fe が露出しているガルバニックの解析モデルを示します。

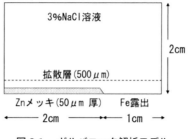

図 3.1 ガルバニック解析モデル

電解質は，3 % NaCl，pH 7.0，溶存酸素濃度 8 ppm とし，電気伝導率 4.7 S/m です。図 3.2 に示した分極曲線のような，外部電流 i はトータルの電流で，内部アノード電流 ia と内部カソード電流 ic の和です。外部電流 i を測定することはできますが，内部電流 ia，ic を直接測定することはできません。したがって，内部分極曲線は実測された I-V 曲線から推定されることになります [9]。

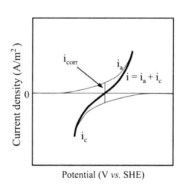

図 3.2 分極曲線の概念図

Zn, Fe ともにアノード反応があり，Zn, Fe それぞれの溶解反応

$$Zn \rightarrow Zn^{2+} + 2e^-$$
$$Fe \rightarrow Fe^{2+} + 2e^-$$

63

として，カソード反応は両極とも酸素還元反応

$$O_2 + 2H_2O + 4e^- \rightarrow 4OH^-$$

を考慮します。以下のターフェル式を扱います。

アノード反応: $i_0 = i_{0,\mathrm{M}} \cdot 10^{\frac{\eta}{A_\mathrm{M}}}$　　　$\mathrm{M = Zn, Fe}$

カソード反応: $i_0 = -\left(\dfrac{c_{O_2}}{c_{O_2,\mathrm{bulk}}}\right) i_{0,O_2} \cdot 10^{\frac{\eta}{A_{O_2}}}$

溶存酸素の輸送方程式は次式で表されます。

$$\frac{\partial c_i}{\partial t} = -\nabla \cdot (-D_i \nabla c_i + c_i \boldsymbol{u}) + R_i$$

実際の環境では，溶液の濡れ乾きや Zn の腐食生成物が表面に沈着する影響で，より溶解速度が小さくなる傾向になりますが，ここでは，10 日後の電解質電流密度，Zn と Fe の表面溶解電流密度および形状変形を図 3.3 に示します。

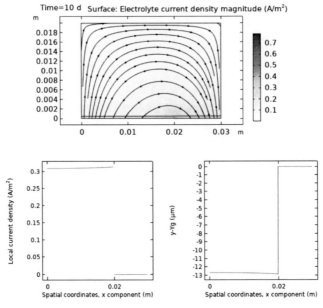

図 3.3　電解質電流密度（上），金属表面溶解電流密度（左下）および形状変形（右下）

(2) すきま腐食

すきま腐食は，狭小領域で電気化学反応に伴う大きな電流密度で金属が溶解し，溶液組成，pH，溶存酸素濃度が変化することで，外部の環境と大きく異なります。すきま間隔は，数十 μm 以下になり，非常に薄く，環境因子の実験的な測定などが行いにくいので，数値解析的な手法が有効となります。ここでは，図 3.4 に示すように NaCl 水溶液中の SUS304 ステンレス鋼のすきま腐食は外部の電位を − 0.2V の定電位に設定する条件で進行させました [10]。

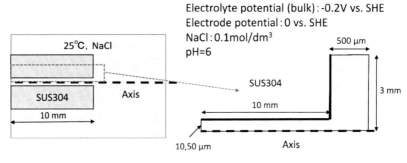

図 3.4　すきま腐食モデル

14 種の化学種，Fe^{2+}, Ni^{2+}, Cr^{3+}, H^+, OH^-, $FeOH^+$, $CrOH^{2+}$, Na^+, Cl^-, $FeCl^+$, $FeCl_2$, $CrCl^{2+}$, O_2, H_2O を取り扱い，溶液中の化学反応は以下に表されます。

$$H_2O \leftrightarrow OH^- + H^+$$
$$Cr^{3+} + H_2O \leftrightarrow CrOH^{2+} + H^+$$
$$Fe^{2+} + H_2O \leftrightarrow FeOH^+ + H^+$$
$$CrOH^{2+} + H^+ + Cl^- \leftrightarrow CrCl^{2+} + H_2O$$
$$Fe^{2+} + Cl^- \leftrightarrow FeCl^+$$
$$Fe^{2+} + 2Cl^- \leftrightarrow FeCl_2$$

金属溶解の反応は，図 3.5 に示した Cl^- 濃度に依存する分極特性 [11]

を採用し，溶存酸素の還元反応と合わせて，反応式は次式で示されます。ターフェル式を利用しています。

$$\mathrm{Fe} \rightarrow \mathrm{Fe}^{2+} + 2\mathrm{e}^-$$

$$\mathrm{Cr} \rightarrow \mathrm{Cr}^{3+} + 3\mathrm{e}^-$$

$$\mathrm{Ni} \rightarrow \mathrm{Ni}^{2+} + 2\mathrm{e}^-$$

$$\mathrm{O}_2 + 2\mathrm{H}_2\mathrm{O} + 4\mathrm{e}^- \rightarrow 4\mathrm{OH}^-$$

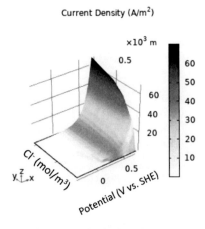

図 3.5　金属の溶解分極特性

　図 3.6 に，腐食した 2 時間後のすきま内の電流密度分布を示しました。結果を明確に示すため，すきま間隔（縦軸）は横軸の 20 倍に拡大して表示しています。また，腐食した 2 時間後のすきまの中心軸上での Cl^- 濃度分布を図 3.7 に示しました。

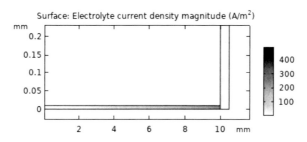

図 3.6　すきま内の溶液電流密度分布 (Gap: 10 μm)

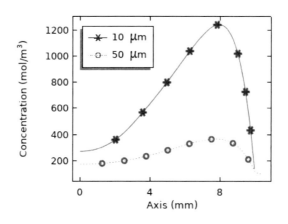

図 3.7　すきまの中心軸上での Cl⁻ 濃度分布 (Gap: 10, 50 μm)

3.2.2　防食

　電気防食は，防食対象範囲を決定し，その面積によって防食電流密度を選定し，所要防食電流を算出します。その後，防食電流の大小，効果範囲および経済性などを考慮に入れ，流電陽極方式か外部電源方式かを選定します。ここでは，地中埋設パイプラインの電気防食設計における有限要素・境界要素併用法 (FEM-BEM) を説明します [12]。

　図 3.8 はカソード防食解析の交差パイプラインモデルです。防食されるパイプラインと干渉されるパイプラインは 90 °でパイプラインの中心に交差され，干渉されるパイプラインが防食されるパイプラインの 5 m 上にあります。パイプラインの長さは 1 km，直径はそれぞれ 0.8 m と 0.4

m であり，アノードは防食されるパイプラインから 100 m で離れます。
長さは 5 m，直径は 0.2 m です。

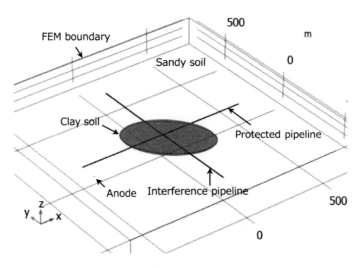

図 3.8　地中埋設パイプラインのモデル

　パイプラインの交差の近傍は粘土，それ以外の領域は砂質土であると考
慮します [13]。粘土を囲むブロックに FEM，その以外の領域に BEM を
使用します。土壌中の電流密度分布は下式で示されます。

$$\mathbf{i}_l = -\sigma_l \nabla \phi_l$$

$$\nabla \cdot \mathbf{i}_l = 0$$

ここで，$\mathbf{i}_l$ は電解質電流密度，ϕ_l は電解質電位，σ_l は土壌の電気伝導率
です。

　防食されるパイプラインと干渉されるパイプラインの表面の電気化学反
応は，次式に従います。

$$\mathbf{n} \cdot \mathbf{i}_l = f(\phi_s - \phi_l)$$

ここで，$\mathbf{n}$ は法線ベクトル，$f(\phi_s - \phi_l)$ は分極特性，ϕ_s は電極電位です。
　アノード表面反応は，ローカル電流密度 i_{loc} によってアノードターフェ

ル式で扱われます。

$$i_{\mathbf{loc}} = i_0 \times 10^{\frac{\eta}{A}}$$

ここで，i_0 は交換電流密度，A はターフェル勾配，η は過電圧です。

外部電源からの防食電流は，ローカル電流密度を決めることで，過電圧さらに電解質電位を計算します。さらに，計算における FEM の領域の外側の境界電位と BEM の領域の内側の境界電位を連成させて，無限場の計算も行います。無限遠での総電流はゼロとします。

図3.9にカソード防食において干渉されるパイプラインの断面上の電解質電位を示しました。干渉されるパイプライン表面のローカル電流密度は，図3.10に示しました。σ_c は粘土の電気伝導率です。

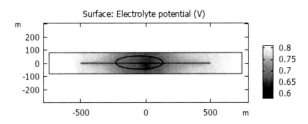

図 3.9 干渉されるパイプラインの断面における電解質電位

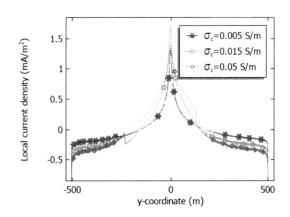

図 3.10 干渉されるパイプライン表面のローカル電流密度

69

3.2.3　金属溶解の解析

　腐食におけるアノード溶解によって金属表面形状が大きく変化することは，腐食解析の数値モデルの構成要素の一つです。COMSOL Multiphysics の腐食解析モジュールは，ラグランジュ法とオイラー法が混合された移動メッシュを用いて金属表面を直接的に表現する方法——ALE (Arbitrary Lagrangian-Eulerian) 法（界面追跡法）と，固定メッシュを用いて金属表面を間接的に表現する方法——レベルセット (level-set) 法とフェーズフィールド (phase-field) 法（界面捕捉法）を提供しています。ここでは，2D モデル [14] の解析方法を解説します。

　ALE 法による 2D メッシュ移動を次式で算出します。メッシュ変形速度は，金属表面から電解質への法線方向で求まります。

$$\frac{\partial^2}{\partial X^2}\frac{\partial x}{\partial t} + \frac{\partial^2}{\partial Y^2}\frac{\partial x}{\partial t} = 0$$

$$\frac{\partial^2}{\partial X^2}\frac{\partial y}{\partial t} + \frac{\partial^2}{\partial Y^2}\frac{\partial y}{\partial t} = 0$$

$$\frac{\partial \mathbf{x}}{\partial t} \cdot \mathbf{n} = v_{\text{corr}}, \mathbf{x} = (x, y)$$

レベルセット法とフェーズフィールド法による腐食計算は以下のレベルセット変数とフェーズフィールド変数の計算方程式を解きます。

$$\text{レベルセット法:} \frac{\partial \phi}{\partial t} + \boldsymbol{u} \cdot \nabla \phi = \gamma \nabla \cdot \left(\varepsilon \nabla \phi - \phi\left(1 - \phi\right)\frac{\nabla \phi}{|\nabla \phi|} \right)$$

$$\text{フェーズフィールド法:} \frac{\partial \phi}{\partial t} + \boldsymbol{u} \cdot \nabla \phi = \nabla \cdot \frac{\gamma \lambda}{\varepsilon^2} \nabla \psi$$

ここで，$\psi = -\nabla \cdot \varepsilon^2 \nabla \phi + \left(\phi^2 - 1\right)\phi$ です。ϕ はレベルセット変数あるいはフェーズフィールド変数，$\phi = 0.5$ と $\phi = 0$ はそれぞれの界面で表されます。

　電流ソース Q_l は $Q_l = i_{\text{loc}}\delta$ で計算されます。i_{loc} は腐食電流密度，δ はデルタ関数です。図 3.11 に軟鋼とマグネシウム合金 (AE44) のガルバニック腐食 3 日後の腐食・電解質の電流分布を示しています。ここではフェーズフィールド法を利用しました。

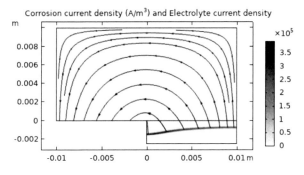

図 3.11　腐食 3 日後の腐食・電解質の電流分布

　腐食により 3 日後に形成された金属マグネシウムの表面形状を図 3.12 に示します。ALE 法，レベルセット法およびフェーズフィールド法による計算結果は試験結果 [15] とほぼ一致したことが示されました。

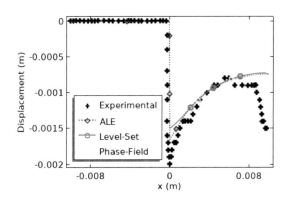

図 3.12　腐食 3 日後の金属マグネシウムの表面変位

　図 3.13 にニッケルメッキ金属の孔食解析モデル [16] を示します。ニッケル‐クロムメッキは外観と耐食性，耐摩耗性にすぐれ，自動車部品をはじめとした装飾分野の最終仕上げメッキとして利用されていますが，傷によりクロム酸化不働態皮膜が局部的に破壊され，孔食を生じることがあります。その際にニッケルが腐食されて鉄素地が露出すると，鉄の腐食が進

71

行します。

　腐食が Ni と Fe 界面を通るときに金属表面の腐食電流密度が急激に変
化することがあり，腐食の進展につながる計算は困難です。ここでは，自
由界面を高精度で捕捉するフェーズフィールド法を利用しました。

　孔食による 400 h 後の溶液の体積比率を図 3.14 に示します。腐食の進
展に合わせて，Ni と Fe の異なる分極特性の自動切替を実現しました。

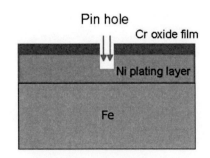

図 3.13　孔食解析モデル

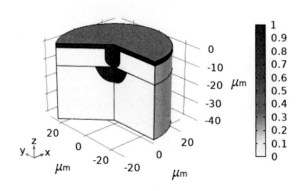

図 3.14　溶液の体積比率

3.3 二次電池の数値解析

リチウムイオン二次電池は，携帯電話やノートパソコンなどの IT 機器の電源として広く用いられています [17]。さらに電気自動車の電源，蓄電システムなどへの利用展開が加速しており，近年，全固体リチウムイオン電池の研究がさかんに行われています。全固体電池には液体電解質がないため，液体容器とセパレータが不要であり，設計の自由度が高くなります。

また，リチウム空気電池は，理論エネルギー密度が現状のリチウムイオン電池の数倍に達する「究極の二次電池」とされています。軽くて容量が大きいことから，ドローンや電気自動車，家庭用蓄電システムまで幅広い分野への応用が期待されています。

3.3.1 リチウムイオン電池

リチウムイオン二次電池のシミュレーションでは，イオン種の輸送方程式と電気化学反応を連成して解析するモデル（ニューマン (Newman) モデルとも呼ばれます）[18] が幅広く応用されてきました。ここでは，この電気化学モデルを説明します。

リチウムイオン電池では，電極活物質粒子と電解液の固液界面における Li の電極反応により生成された Li^+ が，電解液中の泳動・拡散を通して対極へ輸送されることで，充放電が実現されます。代表的な正極 $LiFePO_4$，負極グラファイトである電池の充放電に対する電極で起こる電気化学反応は，次式で示されます [19]。

$$LiFePO_4 \Longleftrightarrow Li_{1-x}FePO_4 + xLi^+ + xe^-$$

$$C_6 + xLi^+ + xe^- \Longleftrightarrow Li_xC_6$$

これらの電気化学反応はバトラー–ボルマー式でモデル化されます。

$$i_{\mathrm{loc}} = i_0 \left[\exp\left(\frac{\alpha_a F \eta}{RT} \right) - \exp\left(\frac{-\alpha_c F \eta}{RT} \right) \right]$$

$$i_0 = i_{0,\mathrm{ref}}(T) \left(\frac{c_s}{c_{s,\mathrm{ref}}} \right)^{\alpha_c} \left(\frac{c_{s,\max} - c_s}{c_{s,\max} - c_{s,\mathrm{ref}}} \right)^{\alpha_a} \left(\frac{c_l}{c_{l,\mathrm{ref}}} \right)^{\alpha_a}$$

73

ここで，i_{loc} は電荷移動反応電流密度，α_a と α_c はそれぞれアノードとカソードの電荷移動係数，F はファラデー定数，R は気体定数，T は温度です。η は過電圧を表し，$\eta = \phi_s - \phi_l - E_{\mathrm{eq}}$ であり，固相電位 ϕ_s から液相電位 ϕ_l および平衡電位 E_{eq} を引いたもので定義されます。i_0 は交換電流密度，$i_{0,\mathrm{ref}}$ はネルンスト (Nernst) 式で示された基準平衡電位である交換電流密度です。また，c_l と c_s はそれぞれ電解質中の Li^+ 濃度と電極活物質内の Li 濃度，$c_{l,\mathrm{ref}}$ は電解質塩の参照濃度です。

多孔質電極における活物質粒子中の Li 輸送計算は，電池の空間次元の上に COMSOL Multiphysics の余剰次元 1D で行われます。

$$\frac{\partial c_s}{\partial t} = -\nabla \cdot (-D_s \nabla c_s)$$

境界条件は次式のように定義されます。

$$\frac{\partial c_s}{\partial r}\Big|_{r=0} = 0$$

$$-D_s \frac{\partial c_s}{\partial r}\Big|_{r=1} = -\frac{i_{\mathrm{loc}}}{F}$$

ここで，D_s は Li の拡散係数，r は余剰次元 1D の正規化された座標です。$r = 0$ は活物質粒子中心，$r = 1$ は活物質粒子表面と定義されます。

電解質および電極における電流分布 $\mathbf{i}_l$ と $\mathbf{i}_s$ は次式で表されます。

$$\nabla \cdot \mathbf{i}_l = i_{\mathrm{tot}} + Q_l$$

$$\nabla \cdot \mathbf{i}_s = -i_{\mathrm{tot}} + Q_s$$

$$\mathbf{i}_l = -\sigma_{l,\mathrm{eff}} \nabla \phi_l + \frac{2\sigma_{l,\mathrm{eff}} RT}{F} \left(1 + \frac{\partial \ln f}{\partial \ln c_l}\right)(1 - t_+) \nabla \ln c_l$$

$$\mathbf{i}_s = -\sigma_{s,\mathrm{eff}} \nabla \phi_s$$

ここで，ϕ_l と ϕ_s はそれぞれ電解質と電極の電位，$\sigma_{l,\mathrm{eff}}$ と $\sigma_{s,\mathrm{eff}}$ は電解質と電極の有効電気伝導率，i_{tot} は電気化学反応の総電流密度，f は活量係数，Q_l と Q_s は電解質と電極の電流ソース項です。

図 3.15 は，ラミネート型リチウムイオン電池の放電曲線を示しています。ここでは，正極を $\mathrm{LiNi}_{1/3}\mathrm{Mn}_{1/3}\mathrm{Co}_{1/3}\mathrm{O}_2$，負極をグラファイト（黒鉛），電解液を $\mathrm{LiPF}_6/\mathrm{EC:DEC}(1:1)$ とする幅 12.5 cm，長さ 19.5 cm，

厚さ 0.019 cm であるラミネート型単セルおよび 2 つのセルをモデル化し [20],2 つのセルの容量が単セルの容量の 2 倍になったことが示されました。

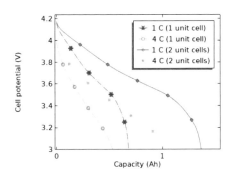

図 3.15 ラミネート型リチウムイオン電池の放電曲線

　ここで,リチウムイオン電池の熱分析も行いました。リチウムイオン電池におけるオーム損失と電気化学反応による発熱が生じる熱伝導現象は,次式でモデル化されます。

$$\rho C_p \frac{\partial T}{\partial t} + \nabla \cdot \mathbf{q} = Q_{\mathrm{jh}} + Q_{\mathrm{chem}}$$

ここで,T は温度,ρ は密度,C_p は熱容量です。$\mathbf{q}$ は熱流束で,$\mathbf{q} = -k\nabla T$ と定義されます。k は熱伝導度,Q_{jh} と Q_{chem} はそれぞれオーム損失と電気化学反応による発熱項です。

　単セル電池が 1C 放電を終了したときの,セパレータ中心の電流分布および温度分布を図 3.16 に示します。

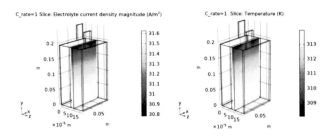

図 3.16　セパレータ中心の電流分布 (左) および温度分布 (右)

3.3.2　全固体リチウムイオン電池

　全固体リチウムイオン電池は，電解液を用いた従来のリチウムイオン二次電池と異なり，電解質が固体です。固体電解質における Li^+ は，格子欠陥を介してホッピングして移動します。なお，固体電解質は単一イオン電解質とも呼ばれます。電荷的中性条件に従い，固体電解質内の Li^+ 濃度は

$$\frac{\partial c_l}{\partial t} = 0$$

が成り立つとします [21]。交換電流密度の計算式を書き直せば，

$$i_0 = i_{0,\text{ref}}\left(T\right)\left(\frac{c_s}{c_{s,\text{ref}}}\right)^{\alpha_c}\left(\frac{c_{s,\text{max}} - c_s}{c_{s,\text{max}} - c_{s,\text{ref}}}\right)^{\alpha_a}$$

となります。

　全固体リチウムイオン電池は，薄膜型とバルク型に大別されます。バルク型全固体リチウムイオン電池は，電極活物質の量を増加することにより電池の高容量化が可能ですが，薄膜型全固体リチウムイオン電池は，気相法を用いて良好な電極－電解質間の固体界面接合を実現できます [22, 23]。

　薄膜型全固体リチウムイオン電池には多孔質電極は使用されないため，すべての電気化学反応は，固体電解質と電極領域との間の界面で起こります。この点は，電解液を用いたリチウムイオン二次電池・バルク型全固体電池と異なります。

　また，固体電解質を使用するので，従来のリチウムイオン二次電池では使用することができなかった，硫黄や金属リチウムなどの高容量活物質を

使用することができます。

　リチウム金属表面の電極反応および交換電流密度は次式で定義されます。

$$Li^+ + e^- \Longleftrightarrow Li$$

$$i_0 = i_{0,\ ref}(T)$$

　図 3.17 は薄膜マイクロ電池の 2D モデルの計算結果で，1C 放電後の電極内の SOC 分布です。正極を $LiCoO_2$，負極を Li，固体電解質を LiPON とする薄膜型全固体リチウムイオン電池を解析しました。放電完了とともに最大濃度になったことが示されました。また，C レートに応じた放電曲線を図 3.18 に示しています。

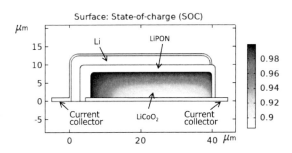

図 3.17　薄膜電池の正極の充電状態 (SOC)

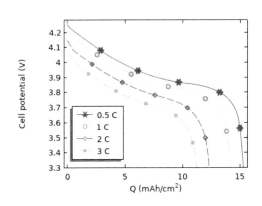

図 3.18　薄膜電池の放電曲線

77

3.3.3　リチウム空気電池

　リチウム空気電池は，正極活物質として空気中の酸素を用い，負極には
リチウム金属を用います。非水系，水系，非水・水系の 3 種のリチウム空
気電池がありますが，ここでは，非水系リチウム空気電池の計算理論を説
明します。

　多孔質正極における酸素の電気化学反応は，次式でモデル化されます
[17]。

$$\mathrm{Li_2O_2} \Longleftrightarrow 2\mathrm{Li}^+ + \mathrm{O_2} + 2\mathrm{e}^-$$

負極は金属リチウムです。

　生成物 $\mathrm{Li_2O_2}$ の濃度変化は，以下のように表されます。

$$\frac{\partial \left(\epsilon_l c_{\mathrm{Li_2O_2}}\right)}{\partial t} = -\frac{1}{2F} a i_{\mathrm{loc}} \times \left(c_{\mathrm{Li_2O_2}} < c_{\mathrm{max,\ Li_2O_2}}\right)$$

$$\frac{\partial \left(c_{s,\mathrm{Li_2O_2}}\right)}{\partial t} = \frac{1}{2F} a i_{\mathrm{loc}} \times \left(c_{\mathrm{Li_2O_2}} \geq c_{\mathrm{max,\ Li_2O_2}}\right)$$

ここで，a は多孔質正極の活性比表面積，$c_{\mathrm{max,\ Li_2O_2}}$ は $\mathrm{Li_2O_2}$ の溶解度，
$c_{s,\mathrm{Li_2O_2}}$ は活性表面積で生成された $\mathrm{Li_2O_2}$ 薄膜の濃度です。

　$\mathrm{Li_2O_2}$ の占める体積比率は次式で求められます。

$$\epsilon_{\mathrm{Li_2O_2}} = \left(c_{s,\mathrm{Li_2O_2}} - c_{s0,\ \mathrm{Li_2O_2}}\right) \times \frac{M_{\mathrm{Li_2O_2}}}{\rho_{\mathrm{Li_2O_2}}}$$

ここで，$c_{s0,\ \mathrm{Li_2O_2}}$，$M_{\mathrm{Li_2O_2}}$ と $\rho_{\mathrm{Li_2O_2}}$ はそれぞれ $\mathrm{Li_2O_2}$ の初期濃度，モ
ル質量および密度です。

　図 3.19 に，Li 負極 0.5 mm，セパレータ 25 μm，空気電極 0.7 mm の
厚さである 2D 空気電池セルの，放電完了時における空気電極の空隙率を
示します。正極電流コレクタが空気電極の外側表面をつなげ，Li 負極表
面を接地します。放電電流は 0.1 mA/cm2 です。放電完了時に，空気電
極と電流コレクタの界面に近い領域において空隙率が大きく減少すること
が示されました。

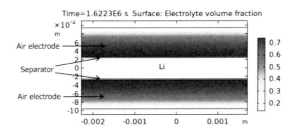

図 3.19　2D 電池セルの空気電極の空隙率

3.3.4　等価回路法

等価回路モデルは，電気化学デバイスのモデリングによく使われます。このモデルは，集中アプローチとして，単純な電気回路要素によって基本的な電気化学的プロセスを表示します。

等価回路モデルは，電圧と電流の過渡または定常特性を捕捉し，各回路要素のパラメータを実験データに適合させることによって得られます。電池の等価回路図 [24] を図 3.20 に示します。

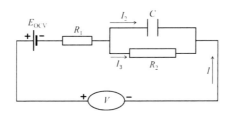

図 3.20　電池の等価回路図

E_{OCV} は開回路電圧であり，電流保存式を次式で示しています。

$$I + I_2 + I_3 = 0$$
$$V = E_{\mathrm{OCV}} - IR_1 + I_3 R_2$$
$$V = E_{\mathrm{OCV}} - IR_1 + \frac{Q}{C}$$

ここで，Q はキャパシタ蓄積電荷，C はキャパシタンスです。C を含む

79

電流 I_2 は

$$I_2 = \frac{dQ}{dt}$$

に従います。リチウムイオン電池の充放電により生じる熱源 Q_h は，各回路要素に応じて以下に定義されます。

$$Q_{R_1} = V_{R_1} \cdot I_{R_1}$$

$$Q_{R_2} = \frac{V_{R_2C}{}^2}{R_2}$$

$$Q_{E_{OCV}} = T\frac{\partial E_{OCV}}{\partial T} \cdot I$$

　図 3.21 に電池の放電 12 分後の電池パック 4s2p の温度分布を示します。等価回路モデル (0D) と 3D の伝熱計算を連携することによって，電池パックの全体の熱解析を行いました。環境温度は 20 ℃で，図 3.22 に示した開回路電圧とその温度微分を利用しました。電池パックの温度は 35.8 ℃以上であり，最も内側の部分は最も外側の部分より 2 ℃高い温度になりました。

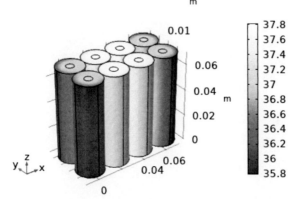

図 3.21　電池パック 4s2p の温度分布

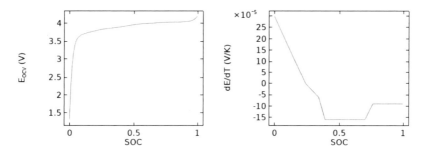

図 3.22 開回路電圧 E_{OCV} （左）およびそれの温度微分（右）

参考文献

[1] J.S. Newman and K.E. Thomas-Alyea: *Electrochemical Systems*, 3rd ed., John Wiley & Sons, Hoboken, NJ, 2004.

[2] 橋口真宜，佗立柱，米大海：COMSOL Multiphysics による計算科学工学─電気化学系 (3)，『計算工学』，Vol.22，No.4，30(9pp)，2017.

[3] 佗立柱:腐食防食の高度な数値解析ツール：COMSOL Multi-physics,『材料と環境』，Vol.62，No.10，pp.372-376，2013.

[4] 佗立柱，永山達彦：汎用シミュレーションソフトによる腐食解析,『計算工学』，Vol.25，No.3，pp.4099-4104，2020.

[5] 世利修美：『金属材料の腐食と防食の基礎』，成山堂書店，2006.

[6] 佗立柱：ガルバニック腐食の数値解析手法の検討,『計算工学講演会論文集』，Vol.24，2019.

[7] Lizhu Tong and Masahiro Yamamoto: Change of Chemical Species with Progress of Crevice Corrosion, Proceedings of the 2020 COMSOL Conference in Boston, 2020.

[8] 腐食防食協会編：『金属の腐食・防食 Q&A 電気化学入門編』，丸善，2002.

[9] 野田和彦，斉藤知：Ⅱ. 腐食の電気化学測定法の基礎─分極曲線（電流－電位曲線），『材料と環境』，Vol.67，No.1，pp.9-16，2018.

[10] 佗立柱，小澤和夫，山本正弘：汎用ソフトを用いたすきま内局部腐食時の溶液特性変化の数値解析，第 66 回材料と環境討論会，B-108，2019.

[11] 佐藤教男：『電極の化学（下）』，新日鉄技術情報センター出版，1994.

[12] 佗立柱：埋設パイプラインの電気防食設計における有限要素・境界要素併用法,『計算工学講演会論文集』，Vol.25，2020.

[13] 産総研ニュース: 電気探査で水道管周辺の土壌を調査する技術を開発. https://www.aist.go.jp/aist_j/press_release/pr2017/pr20170711/pr20170711.html

[14] 永山達彦，佟立柱：腐食解析における金属表面形状変化とその解析手法の検討 材料と環境 2021，B-201，2021.

[15] K.B. Deshpande: Validated Numerical Modelling of Galvanic Corrosion for Couples: Magnesium Alloy (AE44) – Mild Steel and AE44 – Aluminium Alloy (AA6063) in Brine Solution, *Corrosion Sci.*, Vol.52, No.10, pp.3514-3522, 2010.

[16] 佟立柱，永山達彦：Phase-field 法に基づくニッケルめっき金属の孔食成長挙動の解析，第 34 回計算力学講演会（CMD2021）講演論文集，040，2021.

[17] 佟立柱，小澤和夫：有限要素法によるリチウムイオン電池・リチウム空気電池の数値解析，『AI・MI・計算科学を活用した蓄電池研究開発動向』，シーエムシー・リサーチ，pp.181-188，2021.

[18] K.E. Thomas, R.M. Darling, and J. Newman, Mathematical modeling of lithium batteries, in *Advances in Lithium-Ion Batteries*, W. A. van Schalkwijk and B. Scrosati, Editors, Kluwer Academic/ Plenum Publishers, New York, 2002.

[19] 佟立柱，福川真：リチウムイオン電池・全固体電池のシミュレーション技術—Li イオンの輸送と反応に基づく電気化学モデルから集中パラメータによる電池モデルまで—，『計算工学』，Vol.25, No.4, pp.4145-4150, 2020.

[20] 佟立柱：積層ラミネート型リチウムイオン電池の放電特性の数値解析，電気化学会第 60 回電池討論会，2A25，2019.

[21] N. Wolff, F. Roder, and U. Krewer: Model based assessment of performance of lithium-ion batteries using single-ion conducting electrolytes, *Electrochim. Acta*, Vol.284, No.10, pp.639-646, 2018.

[22] Lizhu Tong: Two-dimensional Simulation of All-solid-state Lithium-ion Batteries, Proceedings of the 2016 COMSOL Conference in Boston, 2016.

[23] 福川真，佟立柱，橋口真宜：マイクロピラー配列構造型の薄膜全固体リチウムイオン電池の数値シミュレーション，『全固体電池の界面抵抗低減と作製プロセス』，評価技術，技術情報協会，pp.395-403，2020.

[24] M. W. Verbrugge and R. S. Conell: Electrochemical and Thermal Characterization of Battery Design Modules Commensurate with Electric Vehicle Integration, *J. Electrochemical Society*, Vol.149, No.1, pp.A45–A53, 2002.

第4章

流体力学の応用

　　流体力学をコンピュータシミュレーションに
よって取り扱う方法全般を計算流体力学 (CFD:
Computational Fluid Dynamics) と呼びま
す。マルチフィジックス解析を説明する本書の中
で、なぜシングルフィジックスである流体力学を
取り上げるのかというと、流体力学は伝熱と同様
に他の物理カテゴリとしばしば連成される物理だ
からです。

　　そこで、本書では流体力学の章を設けて、流体
を扱う上での考え方を丁寧に説明することにしま
す。流体力学のポイントを理解することで、マル
チフィジックス解析への流体力学の適用が格段に
上達し、マルチフィジックス解析の精度も向上す
ると考えられます。

4.1 流体力学の特徴

本章では，流体力学を，皆さんが普段目にしている定性的な内容を絵として描画するときに，その絵の内容を定量的なものにするのを助ける道具とみなして説明します。そうすることで，メッシュと流体の解との関係という流体の数値解析で最も大事な点を十分理解でき，身近な現象をヒントにして，いままでより数値計算がずっとうまくできるようになるでしょう。

まず，絵をうまく描けるように，ナビエ–ストークス方程式，レイノルズ数，流体のすべりなし条件，境界層，はく離といった重要項目を順に説明していきます。

4.1.1 レイノルズ数と粘性流体のすべりなし条件

(1) ナビエ–ストークス方程式とレイノルズ数

1.1.2 項で落体の運動を説明した際に，ニュートンの運動方程式が出てきました。質量と加速度の積が重力に等しいという関係です。

流体では，質点に相当するものを流体塊と呼びます。流体塊の加速度は質点とは異なり，時空間での場の変化として扱う必要があります。質点では速度の時間 1 階微分が加速度になりますが，流体塊では，流体塊の速度 (u, v, w) を時空間の変数として扱いますので，加速度は流体速度の時間微分と空間微分の和で表現されるようになります。それを実質微分と呼び，

$$\frac{D}{Dt} = \frac{\partial}{\partial t} + u\frac{\partial}{\partial x} + v\frac{\partial}{\partial y} + w\frac{\partial}{\partial z}$$

という形で記述されます。質点の場合には時間変数 t だけがあるので，$\frac{D}{Dt} = \frac{d}{dt}$ と書いているということです。ここからしばらく流体力学の基礎事項の説明が続きます。必要に応じて文献 [1-3] を参照してください。

流体は，微小な流体塊がたくさん集まって互いに手をつないでいるような状態になっています。手をつないでいる流体塊同士は運動量を交換し，一方が前に出ようとすると片方が引き戻す，あるいは一方が遅れると片方が前に引っ張るといった具合で，全体を平均化しようとします。

油を手で動かしたとしてもすぐに静かになってしまうでしょう。これを

拡散といいます。この部分は $\mu \left(\frac{\partial^2}{\partial x^2} + \frac{\partial^2}{\partial y^2} + \frac{\partial^2}{\partial z^2} \right)$ の形になります。物性値として粘性係数 μ が含まれており，この項のことを粘性項と呼ぶのが一般的です。さらに，流体塊には圧力勾配による力が作用します。

　流体力学の基礎方程式は，ニュートンの運動方程式である $m\boldsymbol{\alpha} = \boldsymbol{F}$ に従って，x, y, z の各方向で

$$\rho \frac{Du}{Dt} = -\frac{\partial p}{\partial x} + \mu \left(\frac{\partial^2}{\partial x^2} + \frac{\partial^2}{\partial y^2} + \frac{\partial^2}{\partial z^2} \right) u$$

$$\rho \frac{Dv}{Dt} = -\frac{\partial p}{\partial y} + \mu \left(\frac{\partial^2}{\partial x^2} + \frac{\partial^2}{\partial y^2} + \frac{\partial^2}{\partial z^2} \right) v$$

$$\rho \frac{Dw}{Dt} = -\frac{\partial p}{\partial z} + \mu \left(\frac{\partial^2}{\partial x^2} + \frac{\partial^2}{\partial y^2} + \frac{\partial^2}{\partial z^2} \right) w$$

が成立することを記述したものです。非圧縮性流れのナビエ–ストークス方程式です。

　一般的な議論ができるようにするために，代表長さを L，代表速度を U，代表時間を T（$T = \frac{L}{U}$）として，次のような＊印（アスタリスク）のついた変数を使うことにします。

$$(x^*, y^*, z^*) = \left(\frac{x}{L}, \frac{y}{L}, \frac{z}{L} \right), (u^*, v^*, w^*) = \left(\frac{u}{U}, \frac{v}{U}, \frac{w}{U} \right), t^* = \frac{t}{T},$$
$$p^* = \frac{p}{\rho U^2}$$

ここで，

$$\frac{\partial}{\partial t} = \frac{1}{T} \frac{\partial}{\partial t^*}, \frac{\partial}{\partial x} = \frac{1}{L} \frac{\partial}{\partial x^*}$$

といった関係を使って書き換えると，

$$\frac{Du^*}{Dt^*} = -\frac{\partial p^*}{\partial x^*} + \frac{1}{Re} \left(\frac{\partial^2}{\partial x^{*2}} + \frac{\partial^2}{\partial y^{*2}} + \frac{\partial^2}{\partial z^{*2}} \right) u^*$$

$$\frac{Dv^*}{Dt^*} = -\frac{\partial p^*}{\partial y^*} + \frac{1}{Re} \left(\frac{\partial^2}{\partial x^{*2}} + \frac{\partial^2}{\partial y^{*2}} + \frac{\partial^2}{\partial z^{*2}} \right) v^*$$

$$\frac{Dw^*}{Dt^*} = -\frac{\partial p^*}{\partial z^*} + \frac{1}{Re} \left(\frac{\partial^2}{\partial x^{*2}} + \frac{\partial^2}{\partial y^{*2}} + \frac{\partial^2}{\partial z^{*2}} \right) w^*$$

という式を得ます。これらの式に出てくる無次元パラメータ Re はレイノルズ数と呼ばれるものです。

85

$$Re = \frac{\rho U L}{\mu}$$

このパラメータは，代表流速が大きいと大きくなり，粘性係数が大きいと小さくなります。同じ代表流速で比較すると，油は空気に比べて粘性係数が大きいので，油のレイノルズ数は小さく，空気のレイノルズ数は大きいということになります。流体力学では低レイノルズ数の流れであるとか高レイノルズ数の流れであるといった区別をします。

　微分方程式論によりますと，微分方程式の性質はその微分方程式のもつ最高階で決まります。ここでは空間に関する 2 階の空間微分項である粘性項が全体の性質を決めることになり，その係数が重要な働きをします。

　落体の運動を扱ったとき，時間に関する 2 階微分方程式は初期条件が 2 個必要でした。今回は空間に関して 2 階ですので，2 個の境界条件が必要ということになります。

(2) すべりなし条件

　さて，固体壁で囲まれている 2 次元流路を流れる流体運動を考えます。固体壁では粘性のある流体は壁に付着するということはわかっています。そのような条件を，すべりなし条件と呼びます。

　冒頭で述べましたが，流体力学を理解するということは，速度分布の絵を描くことができるようになるということです。具体的には，図 4.1（左端）のように，壁上で速度 0 となるという条件が与えられたときに，他の場所での速度分布の絵を描けるかということです。

　2 点で 0 であるような速度分布は内部でも 0 であるとすぐに思いつきますが，いまは流れている状態を扱いたいので除外します。とすると，絵を描くための情報を増やす必要があります。流体は左から右に流れているという情報が与えられれば，図 4.1（左より 2 番目）のように，流路の中央に 1 点を上下の点よりも右側にずらして打つことができます。

　3 点を通る流速分布では，各点を線分でつないでできる三角形の速度分布を描くことができます。流体力学では流量保存を満たす必要があるので，与えられた流量と三角形の面積が合うように，絵を描きます。

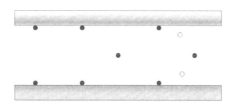

図 4.1　粘性流体のすべりなし条件と主流条件

　ここまではできますが，壁の点と流路の中央部の点を結ぶ線を具体的に
描くには情報が足りません。上で述べた三角形の速度分布では，中央でと
がってしまいます。するとそこの曲率は大きいということになり，実際に
は粘性項がその曲率に作用してとがった速度部分を平滑化しようとしま
す。したがって，三角形の速度分布は通常は現実的ではありません[1]。数
値計算が必要になります。

　通常，流体が流れる方向では圧力が下がるべきであり，速度分布は三角
形を平滑化したようなものになりますが，何かの理由で流路の途中で圧力
が上昇するようなことがあれば，流体はその圧力上昇による逆圧力勾配の
影響を受けて，流下できずに上流へさかのぼる，逆流と呼ばれるものにな
ることがあります。このときの速度分布は複雑な形になり，絵を描くのは
難しくなります。そういう場合には，具体的な条件を設定して数値解析を
行うしか手はありません。

　方眼紙に点を打って絵を描くことを考えます。このとき，一つ一つのマ
ス目が大きすぎると絵が粗くなります。同じように，解析対象に適した解
像度を確保できるようなマス目つまりメッシュを提供しなければ，数値解
析といえども正確な絵を描けないということになります。つまり，メッ
シュを適切に指定できるようになれば，流体力学を十分に理解したといえ
るでしょう。

　メッシュを幾何学的なものととらえてしまう人は，幾何模様としては美
しいけれども流体力学としては意味の薄いメッシュを作成してしまいがち
です。

1　人工的にたくさんのパイプを並べてせん断流れとして作ることはできます。

　有限差分法や有限体積法に比べて，有限要素法は計算メモリをたくさん必要とします。さらに我々が目指すものはマルチフィジックス解析ですので，未知数が増えることでさらに計算メモリを多く必要とします。計算機がさらに発達すれば，そのような心配はなくなるのでしょうが，今のところは身の回りの流体現象や論文や教科書に出てくる流れの様子をできるだけ頭に入れて，少ない点数でうまく絵を描けるようなメッシュの配置を検討することが大事です。そうすることで図 4.1 の右端にある白丸の位置を適切に設定できるようになり，数値解析はそれに対して正しい流速分布を提供してくれるようになるでしょう。

(3) はく離および逆流を伴う流れ

　続いて，図 4.2 に流速分布の例を示します。これは，COMSOL Multiphysics を使って，平行平板間を左から右に向かって流れる流体の定常計算を行った結果です。観察したい場所に縦線を引いて，そこを通過する流速ベクトルをベクトルで描画しています。

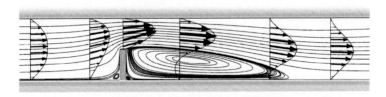

図 4.2　　平行平板に挟まれた 2 次元流路に突起物がある場合の流れ

　これを見ると，図 4.1 で説明した通り，上下の壁面上では速度がすべりなし条件を満たしています。左端の速度分布は，図 4.1 で説明した通り，流量を満たすように中央部が大きな速度をもつ放物形になっています。図 4.2 にはその下流側に突起物があります。その突起物の上面も壁ですので，そこでの速度はやはりすべりなし条件を満たしています。

　その上面に引いた縦線上での速度分布を見てみますと，上流側で観察している縦線位置での流速より速い速度をもつ部分が観察されます。流量が保存されるので，上流側の縦線上に描いた流速分布の面積と同じになるた

めに通過する流路幅が狭まった分，こういう形になります。

　ここで皆さんは，面積が同じになるように絵を描けばよいのはわかったけれども，矢印が斜め上を向いていることについてどのように考えればよいのかという疑問をもつかもしれません。これは，突起物の1つ前に引いた縦線上の流速分布が斜め上を向いて流れ込んでくることによって起こります。

　ここには流体塊のもつ慣性が効いています。突起物の1つ前の縦線位置から突起物と上壁の間にめがけてたくさんのボールを投げ込んだと考えると，このような絵が描けます。

　突起物の1つ上流側の縦線位置での速度分布を見てみると，流速の最大位置が上方に移動しています。これは，突起物があるために流体は突起物の根本でせき止められ，そのために圧力が上昇するからです。圧力上昇は上流側へ張り出し (upstream influence)，逆向きの圧力勾配を生み出します。

　図 4.2 には，速度ベクトルの包絡線を複数描いています。突起物の根本の上流側には，小さいですがその包絡線が閉じている部分が見えます。突起物の根本の近傍では圧力勾配が大きくなり，それに負けて突起物の方へ流れ込むことのできなくなった流体塊が壁からはく離 (separation) し，壁から離れて上側へ流れます。しかし全部が上側に流れてしまい，その下は真空のようなものになってしまうというのは変ですので，流量保存を満たすように，上側に流れた流体が突起物の壁面に衝突すると，その一部が壁に沿って下方へ流れます。それが下側の壁に沿って上流へ逆流しますが，あるところまでさかのぼったところで上流からくる流れに抑えられて，それ以上さかのぼることができなくなってしまうので，狭い領域の中で循環流 (recirculating flow) を形成します。包絡線が閉じている部分は，この循環流を示しています。

　循環流が形成されますと，上流から来た流れは循環流の上方に持ち上げられながら斜め上方を向いた速度分布を形成し，突起物と上壁のすきまへ目がけて流入します。

　今度は，突起物の下流側を見てみましょう。突起物のところに立って下流側にたくさんのボールを投げると，下流のある地点まで到達するだろ

うと想像できます。しかし，突起部の背後には大きな循環流が生じています。流体塊は互いに手をつないでいますので，突起物の上面から下流へ投げ出された流体塊は，速度 0 であったその下側にある流体塊を，ある程度下流へ引き連れて流れようとします。これを粘性による引き込み (entrainment) と呼びます。

　一方，引き連れていこうとする流体塊は，自分より流速の遅い流体塊によって下側の壁の方へ湾曲させられ，壁に衝突してしまいます。壁面上では流速が 0 になるので，衝突した位置近傍では圧力が上昇し，逆圧力勾配が生じてしまい，それによって流体が一部，上流へ押し戻されるという逆流が生じます（突起物の上流側根本近傍と同じ）。

　突起物の下流にある 1 つ目の縦線位置での速度分布を見れば，突起物の背面に向かう速度ベクトルが生じており，逆流していることがわかります。逆流する部分の流量は負と考えますので，上流から流し込んだ流量に一致するように負の流量を補うために，上側部分の下流方向に向かう流速が大きくなっていることがわかります。

　突起物から下流に 2 本目の縦線位置では，下の方にわずかに逆流領域が見えますが，ほぼ下流に向かう流速ベクトル分布になっており，右端の縦線位置ではすべてが下流へ向かう流速ベクトルになっています。その面積は流量保存によって保存されますが，分布形状はそれまでの流れ場の履歴を反映して，放物形とは異なる釣鐘状の分布形状になっています。

(4) 流れ場全体の把握

　図 4.1 で考えてきたことを図 4.2 のような実際の流れ場に活用する際には，絵を描こうとしている位置の上流側でどのような状況になっているかを考えることから始めなければいけないことがわかりました。すべりなし条件と流量保存による面積保存（逆流は負の面積と考える）で流れ場のおおよその絵は描けますが，流速ベクトルがどのような向きをもつか，分布形（中央が大，上部が大，放物形，釣鐘状，逆流位置など）がどのようなものになるかを知るには，運動方程式であるナビエ–ストークス方程式を解く必要があるということです。

　数値解析を実行すれば，図 4.2 のような詳細なデータが入手できます。

一方で，すべりなし条件を意識し，どこで流れがはく離し，逆流といった細かな流れ構造が生じ得るかを予測して，数値解析が良い解を出してくれるようにメッシュを設定するのは皆さんです。計算機の性能がさらに良くなればそのようなことは必要なくなるのでしょうが，実はこの点を真に理解すれば，計算機を使わなくても流路の形や流れの条件を見ただけで流れ場のおおよその絵をイメージできるようになり，流体力学を味方につけることができます。

　なお，ここで説明した内容は定常の2次元非圧縮性流れに共通するものです。2次元の流れでも，レイノルズ数がある程度の大きさであるならば，円柱を平行平板流路に挿入するとカルマン渦が発生するといったことが起こります。4.5節の構造−流体連成解析に出てきます。このあたりは，流れの可視化写真やほかの数値計算結果を見ながら，頭の中に流れ場のデータとして蓄積しておくとよいでしょう。

　3次元の流れでは，縦渦が生じます。4.2節で説明する層流や乱流での3次元解析例で紹介します。これもいろいろな文献を見ながら頭の中のデータを増やしていきます。超音速機のように流れの速度が速くなってくると空気の圧縮性が効いてきて衝撃波といったものも出てきますが，同じようにいろいろな資料を見ながらデータを増やしていけば，流れの理解はそれほど難しいことではありません。

4.1.2　2点境界値問題と境界層

(1) モデル方程式の2点境界値問題

　ここまでの説明を補足する意味で，数学の視点から同じ問題を説明します。必要最小限の説明を行うために，モデル方程式を使った2点境界値問題を取り上げます。これは先ほどの定性的説明を，定量的に表現するものでもあります。数学的には，特異摂動問題 (singular perturbation problem) を漸近接合展開 (matched asymptotic expansion) によって解を求めるという分野の話になります [4, 5]。

　モデル方程式は次のようなものを使います。

$$\varepsilon \frac{d^2 u(x)}{dx^2} + \frac{du(x)}{dx} = \frac{1}{2}, 0 < x < 1$$

$$u(0) = 0, u(1) = 1$$

これは空間に関する 2 階の微分方程式です。したがって，境界条件が 2 個必要です。$x = 0$ が固体壁でのすべりなし条件に対応します。$x = 1$ は図 4.1 右から 2 番目あるいは 3 番目に描いた速度分布上の流路中央位置に相当すると考え，そこが代表流速であるとしたときに対応します。

この式と無次元化したナビエ–ストークス方程式には，

$$\varepsilon \leftrightarrow \frac{1}{Re}$$

なる対応関係があります。

流体力学でもよく行われますが，レイノルズ数が大きいとして，$\frac{1}{Re} = 0$ としてみます。このモデル方程式では，$\varepsilon = 0$ と置くことになります。すると，方程式が簡単になります。

$$\frac{du(x)}{dx} = \frac{1}{2}, 0 < x < 1$$

これを $u(1) = 1$ という条件で解いてみると，

$$u(x) = \frac{1}{2}(x + 1)$$

と求まります。しかしながら，この解は $x = 0$ で $u(0) = \frac{1}{2}$ となり，すべりなし条件を満たしません。元の 2 階微分方程式を 1 階微分方程式に変形してしまったので当然の結果でありますが，これでは $x = 0$ の壁の近くでの絵が描けないので困ります。

では，なぜこのようになったのかを検討してみます。元の方程式を見ているだけでは，2 階微分項を落とすことしか思いつきません。そこで，壁付近がどのようになっているかを拡大して見てみることにします。そのために，次の変数変換をしてみます。

$$X = \frac{x}{\varepsilon}$$

こうすれば，x は最大 1 の大きさの変数ですが，X は小さな正数 ε でスケーリングされているので，1 よりもかなり大きな数になります。

$$\frac{d}{dx} = \frac{1}{\varepsilon}\frac{d}{dX}, \frac{d^2}{dx^2} = \frac{1}{\varepsilon^2}\frac{d^2}{dX^2}$$

の関係を使うと，元の微分方程式は次のようになります。

$$\frac{d^2 u(x)}{dX^2} + \frac{du(x)}{dX} = \varepsilon \frac{1}{2}$$

ここで改めて，ε を 0 にします。すると，

$$\frac{d^2 u(x)}{dX^2} + \frac{du(x)}{dX} = 0$$

となります。元の方程式で ε を 0 にしたときには，何も考えずに $\varepsilon \frac{d^2 u(x)}{dx^2}$ を落としてしまいました。しかし，この変数変換による分析結果により，x の小さな領域を拡大してみると，2 階の微分項は 1 階の微分項とバランスがとれており，決して 2 階微分項を落とすことができないということがわかったわけです。

　そこで，この方程式の解を求めてみると，

$$u(X) = C\left(1 - e^{-X}\right)$$

であることがわかります。

　この解は $u(0) = 0$ という壁でのすべりなし条件を満たします。一方で，定数 C をこの方程式から決めることはできません。

　変数を x に戻すと，

$$u(x) = C\left(1 - e^{-x/\varepsilon}\right)$$

の形をもっています。定数 C を決めるためには，漸近接合展開の方法を使い，「壁の条件を満たす解（内部解：inner solution）で $x \to \infty$ としたときの値は，外部の境界条件を満たす解（外部解：outer solution）で $x \to 0$ としたときの値と一致する」という条件を課します。式で書けば，

$$C\left(1 - e^{-\frac{x}{\varepsilon}}\right)|_{x \to \infty} = \frac{1}{2}(x+1)|_{x \to 0}$$

となり，

$$C = \frac{1}{2}$$

と決まります。

　実際にはモデル方程式は簡単な形をしているので解析解があり，

93

$$u\left(x\right) = \frac{1}{2}\frac{\left(1 - e^{-x/\varepsilon}\right)}{\left(1 - e^{-1/\varepsilon}\right)} + \frac{1}{2}x$$

です。

　これらの結果をもとに，微分方程式の解を図に表すと，図 4.3 のように
なります。$\varepsilon = 0.1, 0.01$ の 2 ケースを検討しました。外部解，内部解は，
いずれの場合も各々の領域で厳密解と一致しています。また，内部解と外
部解の近似度は，$\varepsilon = 0.01$ と小さくなれば相当に良いレベルになってい
ることがわかります。

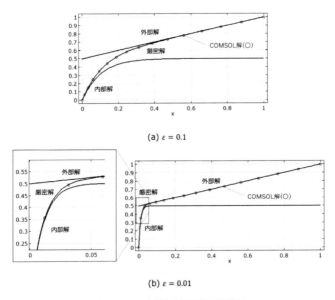

(a) $\varepsilon = 0.1$

(b) $\varepsilon = 0.01$

図 4.3　2 点境界値問題と境界層

　以上から，微分方程式では，係数が小さくてもその係数と微分項を掛け
算した結果は無視できない大きさを保持している可能性があるということ
がわかります。

(2) 境界層
　実際に流体が沿って流れている壁付近では，速度が 0 から急激に主流

の大きさにまで変化する薄い層があります。これは境界層 (boundary layer) と呼ばれています。その厚みはモデル方程式に基づく計算結果にも表れている通りで，ε が小さくなると境界層の厚みは薄くなってきます。ε が小さくなるということは，レイノルズ数が大きくなることに相当しています。

このことは，境界層という厚みの薄い領域でモデル方程式の解分布のような滑らかな絵を描くには，壁近傍で相当に細かいメッシュを十分な点数だけ配置する必要があるということを意味しています。層流の場合はレイノルズ数が小さく境界層も厚いので，メッシュ数は少なくて済みますが，レイノルズ数が大きくなると，乱流境界層のように速度分布が境界層内の狭いところで急激に変化しますので，それだけ多くのメッシュを狭いところに配置する必要が出てきます。4.3.2 項（図 4.12(c)(d)）のディフューザー内部の乱流解析の箇所でそのような速度分布を紹介します。

流体力学の歴史の中では，粘性を無視したポテンシャル流れは，物体周りの流れに対する解析解が得られるので便利なものの，流体抵抗を算出できないという問題がありました。それはポテンシャル流れの解が壁でのすべりなし条件を満たさないからです。

そこでプラントル (Prandtl) は境界層内で成立する境界層方程式を導出しました。これは，ポテンシャル流れの境界層の厚みが薄く，厚み方向の圧力が一定であることを利用して，境界層流れと主流のポテンシャル流れを結びつけるものです。そのおかげで当時の計算力でも境界層の内部構造を計算できるようになりました。さらに，この理論は翼型のはく離位置の予測を可能にしました。

それでは説明の締めくくりとして，境界層の厚みを見積もってみます。係数が小さくても微分項が非常に大きくなる場合には，それらの積である項全体としては残せるように，

$$\varepsilon \frac{d^2 u\left(x\right)}{dx^2} = O\left(1\right)$$

となるような厚み δ^* を求めればよいということになります。

解 u の大きさは 1 の程度（無次元化しているとすれば常にその大きさの程度）と考えてよいので，

$$\varepsilon \frac{O\left(1\right)}{\delta^{*2}} = O\left(1\right)$$

となれば係数のついた微分項を残せます。

この式から，無次元境界層厚 δ^* は，

$$\delta^* \sim \sqrt{\varepsilon}$$

と見積もることができます。$\delta^* \sim 0.32\,(\varepsilon = 0.1)$, $0.1\,(\varepsilon = 0.01)$ となりますが，モデル方程式で計算した結果の内部解と外部解が移り替わるおおよその位置に対応しています。

結果として，境界層厚 δ は代表長さを L として，$\varepsilon = \frac{1}{Re}$ と置くことで，

$$\delta \sim \frac{1}{\sqrt{Re}}L$$

という関係を得ることができます。

4.2　層流

計算の難易度はレイノルズ数によって異なります。レイノルズ数が小さいと層流かつ定常で取り扱うことができ，計算は簡単になります。レイノルズ数を大きくしていくとカルマン渦といった非定常な流れが発生するようになり，また，3 次元性が強くなってきます。

4.2.1　層流 2 次元解析

まず、層流 2 次元解析から紹介します。図 4.4 に流路にキャビティ（くぼみ）のついた流れ場を示します。

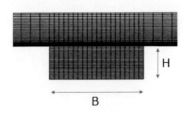

図 4.4　流路にキャビティのあるジオメトリとメッシュ

　左側の流路入口から流入する速度とキャビティの高さ H を基準とした，レイノルズ数が 0.01 の流れを COMSOL Multiphysics で定常解析した結果を，図 4.5 に示します。B はキャビティ幅であり、比 B/H を変えるとフローパターンも変化します。結果は Van Dyke の可視化実験 [6] とよく一致しています。計算は，クロック周波数 2.2GHz の 64 ビットノートPC を利用して，各ケースを数秒で終了しました。

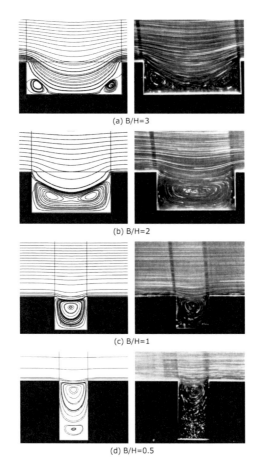

(a) B/H=3

(b) B/H=2

(c) B/H=1

(d) B/H=0.5

図 4.5　キャビティのある流路のレイノルズ数 0.01 の流れ

4.2.2　層流 2 次元外部流れ

　次に、外部流れの解析例を示します。2 次元円柱を過ぎる流れは，低速では層流でかつ定常解があります。ここでは，外部流れの流速と円柱直径を基準としたレイノルズ数が 26 の流れ場を解析しました。

　図 4.6 にレイノルズ数 26 での流れの可視化実験結果 [6] を，図 4.7 にCOMSOL Multiphysics で解析したレイノルズ数 26 での定常流線図を示します。ここで，流線として示したものは計算で得られた定常流速ベクトル場の包絡線です。したがって包絡線の始点を通過する線群が描かれており，それらの線群が通過しない箇所は空白として図示されることになります。非圧縮性流れにおける質量保存性は満たされており，可視化実験と本計算結果の一致は良好です。本計算での CPU 時間はノート PC で 7 秒でした。

図 4.6　レイノルズ数 26 の流れ場の可視化結果 [6]

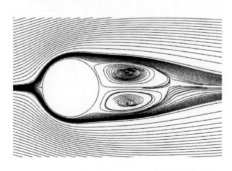

図 4.7　レイノルズ数 26 の定常流れ解析結果

4.2.3 内部に円柱にある層流 3 次元流路流れ

次に，レイノルズ数が 100 の流れの解析例を示します。流路内の主流が時間変動（正弦波半周期）する場合に，流れの中に置かれた円柱にはどのような流れ場が生じるか，そしてその結果どのような力が作用するのかを検討しました。

流体は流入口で放物面を描く速度分布をもち，その値は周期 16 秒のサイン波で 0 から 1 半周期（8 秒）時間的に変動するとしました。したがって，流入口の平均速度と円柱の直径を基準にしたレイノルズ数は 0 から 100 の範囲で変動することになります。

図 4.8(a) はジオメトリであり，円柱の直径は 0.1m です。図 4.8(b) は有限要素解析用のメッシュです。4 面体要素と 6 面体要素を組み合わせて使用しました。

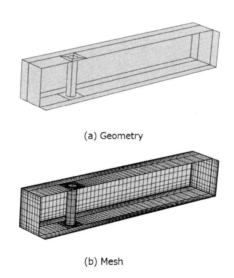

(a) Geometry

(b) Mesh

図 4.8　円柱のある流路のジオメトリとメッシュ

図 4.9 は円柱に生じる抗力係数と揚力係数の時間変化です。抗力係数は徐々に増加し，主流速度が最大に達する 4 秒後に最大値 (3.2) に達し，そ

の後減少します。一方、揚力係数は早い時刻で正（左向きの力）のピーク (0.0025) を迎え，その後減少し，4 秒を経過した時点で最小値（- 0.012 右向きの力）をとり，その後，再び増加します。円柱は 1cm ほど中心から右にずれた位置に設置されているため，対称性が損なわれた揚力変化になります。この流れ場はベンチマーク問題として利用される場 [7] であり，参照解としての数値解があります。それらと比較してみると，ここで算出した抗力係数，揚力係数の時間変化は定量的に妥当な結果であることが確認されました。

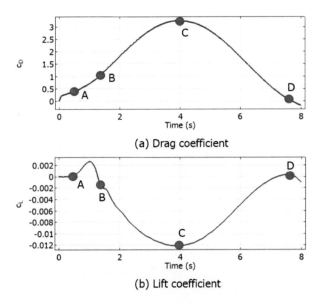

(a) Drag coefficient

(b) Lift coefficient

図 4.9　時間変動流によって生じる円柱の抗力と揚力

次に流れ場を見てみましょう。図 4.9 の中に示した A，B，C および D の各時刻での流れ場を可視化した結果を図 4.10 に示します。円柱表面の圧力コンターも同時に表示しました。図 4.10(a) は A 点に相当する時刻 0.5 秒での流れ場であり、レイノルズ数は 19.5 です。3 次元流速ベクトル場の包絡線群で描いた流線を見てみると，2 次元的であることがわかりま

す。円柱表面の圧力は円柱の両端には流路の影響が見られるものの，概ね2次元性を示しています。

図 4.9 の B 点に相当する時刻では，図 4.10(b) にあるように流線および円柱表面の圧力分布には 3 次元性が表れています。この時点でレイノルズ数は 52 に達しています。円柱周りの流れ場に 3 次元性が表れるとされているレイノルズ数は約 40 であり、妥当な結果であるといえるでしょう。

図 4.9 の C 点に対応する時刻では，図 4.10(c) に見るように、円柱の後部流れには縦渦を生じるなど流れ場は複雑になっています。主流が 4 秒経過後に減速を開始しても流れ場は初期時刻のような 2 次元流れには戻らず、図 4.9 の D 点に対応する図 4.10(d) では，3 次元流れが継続されることがわかります。

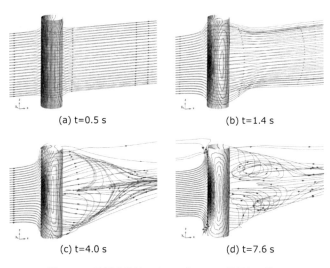

(a) t=0.5 s   (b) t=1.4 s

(c) t=4.0 s   (d) t=7.6 s

図 4.10 時間変動流によって生じる円柱周りの流れ

4.3 乱流解析

レイノルズ数が 10^6 といったレベルになると流れ場は乱流になり，そこ

101

には様々なスケールの渦が生じ，かつ 3 次元非定常流れとなります。そのような流れ場を解像するためには，非常に細かい計算メッシュを必要とします。もし高速かつ大容量メモリの計算機を用意できれば、ナビエ–ストークス方程式を直接解くこともでき、実験を超えるレベルの数値解を得ることもできます。

　一方で，身近な PC で流体力学を扱うのであれば，計算規模を縮小する工夫が必要です。そのような手法として，乱流モデル (RANS)，ラージエディ・シミュレーション (LES: Large Eddy Simulation) があります。

4.3.1　乱流を含む流れ場の数値解析

　少し基礎的な話をします。図 4.11 の左図は，噴流が左から右へ流れている様子 [6] を示しています。この流れ図に筆者が重ねて描いたメッシュで計算するとします。すると，左側の層流の領域は何とか解像できそうですが，中央部分では流れが遷移によって複雑化しはじめ，格子内部の流れが細かい構造をもつため，図に示すような粗い格子では解像は難しいということがわかります。さらに右側では乱流化しており，全く解像できません。

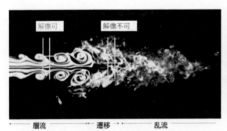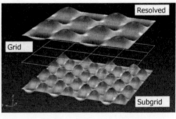

図 4.11　計算格子と流れ場の解像の関係（左図は文献 [6] からの引用に加筆）

　ここで，イメージをはっきりさせるために，図 4.11 の右図を見てください。中央に描いた格子で計算を行おうとする場合，2 次の空間分布をもつ関数形を使った計算であれば，上方の空間分布のような流れ場は解像できます。このような流れのスケールを解像スケールと呼ぶことにします。

一方で，下方の小さい構造の流れはこの格子では解像できません。このような流れのスケールをサブグリッドスケールと呼ぶことにします。

解像スケールについてはナビエ–ストークス方程式を解けば解が求まります。問題はサブグリッドスケールの扱いであり，何か工夫が必要です。乱流モデルや LES では，渦粘性モデルを利用して，解像スケールの量からサブグリッドスケールの流れ構造をモデル化することを考えます。しかし，その方法ではいつもうまくいくとは限りません。また，流れは層流から遷移を経て乱流化しますが，乱流モデルや LES は流れ場全体が乱流であるということを仮定しますので，遷移の計算ができません。

一方，変分マルチスケール法という方法が開発されており [8]，これを用いると，遷移を含む乱流計算ができます。加えて，サブグリッドスケールも解像できる計算格子を用意すれば，その影響は 0 になるという非常に良い性質をもっています。したがって，本書では乱流モデルによる解析に加えて，変分マルチスケール法による解析結果も紹介します。

4.3.2 ディフューザーの内部乱流解析

乱流領域の定常解析を行った例を紹介します。図 4.12 は，円管の途中に円錐型の開き部をもつディフューザー（図 4.12(a)）の計算です。流れは定常 2 次元軸対称流れであると仮定して計算を行いました。レイノルズ数は，入口基準で 2.54×10^5 です。乱流モデルは，低レイノルズ数型 k-ε モデルを使用しました。実験値は文献 [9] から読み取り、その補間値を比較の対象としました。

図 4.12(b) は管壁に沿う圧力係数です。図 4.12(c)，(d) は図中に示す断面位置で管軸方向速度成分をその断面での中心速度で無次元化した数値を半径方向にプロットした結果です。いずれも本計算と実験との一致は良好です。

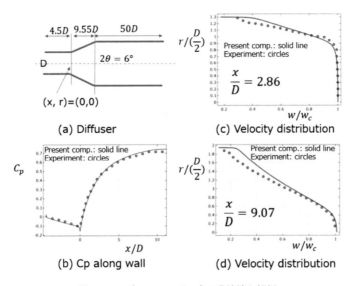

(a) Diffuser　　　(c) Velocity distribution

(b) Cp along wall　　　(d) Velocity distribution

図 4.12　ディフューザー内の乱流流れ解析

4.3.3　自動車周りの乱流解析

　ここでは，自動車の周りの流れ解析として，乱流モデルと変分マルチスケール法 [8] を組み合わせることで効率の良い計算を実現した例 [10] を紹介します。この例に興味をもった方は COMSOL Multiphysics のモデルファイル（拡張子は mph）をダウンロード可能 [10] です。筆者はそのファイルを使って計算を行いました。計算モデルとメッシュを図 4.13(a)，(b) に示します。

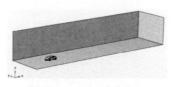

(a) Computational domain　　　(b) Surface mesh around a car

図 4.13　計算モデルとメッシュ

この例は流体力学的に妥当な解析を効率よく行っている点が注目されますので，そこの説明から始めます。数値計算では初期値が重要であることは，これまでに何度も述べた通りです。流体は静止状態からスタートした直後はポテンシャル流で近似できるという性質があります。そこでポテンシャル流を記述するラプラス方程式を使った計算を行い，それを開始点としました（図 4.14(a)）。

続いて，それを初期値として利用して，乱流モデルを使った時間平均乱流場の定常解析を行うことにします。定常の乱流解が求まった（図 4.14(b)）後、変分マルチスケール法を使って短期間の非定常解析を実施しました。変分マルチスケール法による計算過程で得た結果を図 4.15 に示します。

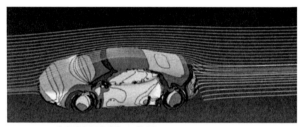

(a) Potential flow field

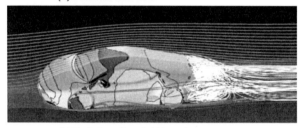

(b) Turbulent flow field based on RANS

図 4.14　ポテンシャル流れと RANS による乱流場の比較

105

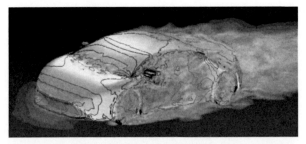

(a) View diagonally from the front

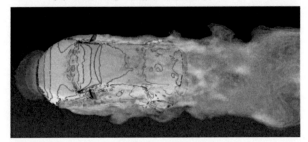

(b) View from diagonally above

図 4.15　変分マルチスケール法によるある瞬間の乱流場

　この計算は非定常流体場の分析に使えるだけではなく，構造に与える影響を評価することもできます。そのためには，その期間で得た非定常圧力にFFT変換を施すことで周波数域の外力に変換し，それを構造体の境界荷重として利用することで，周波数領域での構造解析を行います。この規模の計算は図4.16のような大きな計算領域と多数のメッシュを必要とし，長時間の計算になります。

　図4.14(a) の結果は，ポテンシャル流であると仮定した方程式から得られた数値解であり，図4.15はそれらの仮定を取り除いてナビエ–ストークス方程式の非定常解を素直に求めた結果です。この両者を比べれば，皆さんが普段目にするものは後者だとわかります。

　対象物に生じる現象を決めている本質的な事項は何かということを追求していくと，得られる結果もごく自然なふるまいをするようになるところが，数値解析の魅力といえます。計算機の性能や計算方法が向上した現在

では，実験に合わせ込むのではなく，妥当な仮定は何か，その結果得られる方程式をいかに素直に解くかに重点を置くことで，自信をもってごく自然な解を出せるようになってきました。

　一方で，興味深いことに，ポテンシャル流は超流動で有効な考え方として使われます。仮定が対象物においてうまく成立すれば，いろいろな現象が偏微分方程式で表現できるということです。

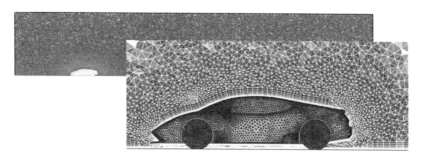

図 4.16　自動車周りの流れ解析に必要な計算領域とメッシュ配置

4.4　伝熱 − 流体連成解析

　本節では，伝熱と流体の連成解析の例を紹介します。伝熱と流体の連成には，固体伝熱と流体の連成，流体中伝熱と流体の連成があります。ここでは，後者を説明します。

　流れが層流から遷移を経て乱流になる解析を取り上げますが，流体の取り扱いに乱流が入ってくると，流体中伝熱の方もその影響を受けるので，乱流にも対処できる取り扱いをする必要があります。

4.4.1　層流から乱流への遷移

　コーヒーに入れたミルクの動きや風に吹かれて飛ぶ桜といったことのほかに，流体のパターンとしてはっきりと目に見えるものに，線香から立ち上る煙があります。流体力学の専門家も，線香を使って流れの可視化を行

107

います。

　風の吹かないところで線香の煙を眺めていますと，最初はまっすぐに立ち上りますが，風もないのに途中から揺れはじめ，ついには乱れた流れになってしまいます。流体力学では，これを層流から乱流に遷移したという風に説明します。

　さて，層流〜遷移〜乱流を含む計算は，十分な空間解像度のあるメッシュを使ってナビエ–ストークス方程式を解くことにより計算できることがよく知られています。これを直接シミュレーション (DNS: Direct Numerical Simulation) と呼びます。しかしながら，この手法を使った 3 次元の乱流解析は通常の PC では困難であり，主に，スーパーコンピュータで計算が行われます。

　一方で流体解析は，ほとんどの現象でといってもいいほど，よく顔を出します。できれば DNS レベルの流体解析を身近な PC で行いたいところです。有限差分法や有限体積法ではメモリをあまり使用せずに計算ができるので，流体計算に必要なメッシュを十分に配置でき，風上差分法などを利用することで計算を安定化してある程度の解析は可能です。最近，変分マルチスケール法を使って，有限要素法でもそのようなことが行えるようになってきました [8]。流体力学を有限要素法で解くことで，構造力学，電磁気といった分野との連成解析が扱いやすくなります。

　変分マルチスケール法は，有限要素法の特徴を活かし，解像スケールとサブグリッドスケールの分離を行って，サブグリッドスケールの量にのみモデリングを施すようにした方法です。この方法の利点は，空間解像度が十分確保された場合にはサブグリッドモデルは 0 になり，通常のナビエ–ストークス方程式になるという点です。

　変分マルチスケール法が LES と異なる点は，LES で使う空間フィルターを利用しないので，空間フィルターの壁で非可換性をもつ問題や圧縮性流体での複雑化などを回避できることと，渦粘性モデルを使わないのでサブグリッドスケールにモデリングが限定され、結果として解像スケールが効率よく計算できるといった点です。

4.4.2 高温熱源の周囲の熱対流

ここでは，斜めに置いた線香の先端部分を高温熱源として，その周り
に発生する熱対流を解析した例を紹介します（図 4.17）。このモデルは
COMSOL Multiphysics のモデルファイル（拡張子 mph）をダウンロー
ド可能です [11]。

高温部

図 4.17　水平台の上に斜めに置かれた線香モデル

流体力学の基礎方程式は次の通りです。浮力の項が体積力として含まれ
ています。現時点では COMSOL Multiphysics での変分マルチスケール
法の非等温版は非圧縮性流れに限定されており，ブシネスク近似で浮力を
考慮しています。

$$\rho\frac{\partial \boldsymbol{u}}{\partial t} + \rho\overline{(\boldsymbol{u}\cdot\nabla)\,\boldsymbol{u}} = \nabla\cdot\sigma - \rho\nabla\cdot\tau_{\mathrm{LES}} + \boldsymbol{F} + (\rho - \rho_{\mathrm{ref}})\,\boldsymbol{g}$$

$$\sigma = -p\boldsymbol{I} + \boldsymbol{K}$$

$$\boldsymbol{K} = \mu\left(\nabla u + (\nabla u)^{T}\right)$$

これは，層流から乱流を扱うのに適した変分マルチスケール法を基礎と
した方程式です。流れ場が設定したメッシュで完全に解像できた場合には
$\tau_{\mathrm{LES}} = 0$ になり，ナビエ–ストークス方程式になるようにしています。

連続の式は次の通りです。

$$\rho\nabla\cdot\boldsymbol{u} = 0$$

伝熱は次の方程式を使います。移流項が入っています。

$$\rho C_p \frac{\partial T}{\partial t} + \rho C_p \left(\boldsymbol{u} \cdot \nabla \right) T + \nabla \cdot \boldsymbol{q} = Q$$

$$\boldsymbol{q} = -k\nabla T$$

$$\rho = \frac{p_A}{R_s T}$$

　線香の先端の燃焼部分は 500 ℃という高温であるので，状態方程式を使うことで密度の変化を考慮しています。上の式には記述していませんが，温度場にも変分マルチスケール法によるサブグリッドスケールのモデリングを行っています。

　計算結果は図 4.18 の通りです。計算開始後 2 秒目と 10 秒目の様子を示しています。層流であったものが途中から乱流に遷移している様子が見事にとらえられています。メッシュは図 4.19 の通りです。高温熱源の真上に位置する箇所はメッシュを細かくし，そこから半径方向に離れていくにしたがってメッシュを粗くして，計算メモリの節約を図っています。計算領域の上部ではメッシュが細かくなっていますが，それは乱流化して流れが複雑になるために，その解像度を上げるためです。

(a) 2 s　　　　　　　(b) 10 s

図 4.18　線香の周囲に生じる熱対流の解析例

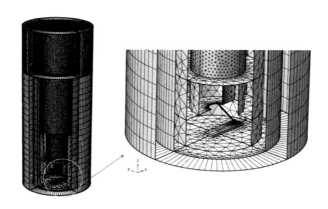

図 4.19　高温熱源の周りの熱対流の変分マルチスケール解析用のメッシュ

　流体の数値解析では，流れ場の解析を行った後に設定したメッシュと計算結果の関係を吟味しておくと，次に計算を行うときのヒントを得ることができます。図 4.20 にメッシュと 10 秒後の流れ場の様子を重ねて描いたものを示します。これを見ると，乱流域が上方に設定した細かなメッシュの領域よりも少し下側から発達していることがわかります。したがって，メッシュの細かな領域は現在の設定よりも下方に配置して，計算結果がどうなるのかを検討してみるとよいと考えられます。

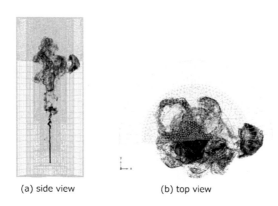

(a) side view　　　　　　(b) top view

図 4.20　メッシュと 10 秒後の流れ場の関係

4.5　構造 – 流体連成解析

　円柱を過ぎる流れは，ある程度のレイノルズ数になると流れ場が時間的に変動するようになります。このような流れでは円柱の下流にカルマン渦ができます。

　一方で，円柱の背後に薄いフィンをつけると，フィンは弾性体なので，流体力を受けて変形します。その変形は，今度は流体場にフィードバックされて，流れ場が影響を受けます。したがって，この問題は構造と流体の間の双方向連成問題となります。

　フィンは大きく変形するので，その周囲にある流体領域のメッシュの配置もそれに伴って時々刻々変形します。したがって，この問題は構造と流体に加えて，メッシュの移動も連成して解くことになります [12, 13]。この問題の COMSOL Multiphysics のモデルファイル（拡張子 mph）はダウンロード可能です [12]。

4.5.1　移動メッシュによる時間変形領域の取り扱い

　計算モデルを図 4.21 に示します。平行平板で囲まれた 2 次元流路の中に円柱が設置されており，流れは左側の入口から流入して，円柱を通過後，右側の下流境界から流出します。円柱の後部には有限厚みをもつフィンが取り付けてあります。フィンは弾性体で変形できるようにしています。

図 4.21　2 次元流路内に置かれたフィン付き円柱

　流れが開始されると，流れ場にはカルマン渦が生じるとともに，円柱後部のフィンが流体 – 構造連成によって変形運動します。したがって，この場合の流れ場では境界形状であるフィン形状が時間的に変形しますので，

フィンが変形移動した場合でも，流体場の計算とフィンの変形運動をともに精度良く解く必要があります。

そのために，図 4.22 に示すように，フィンの周囲およびフィンの少し下流の領域までメッシュをかなり細かく配置しておく必要があります。また，円柱，フィン，上下の流路壁はすべりなし条件を課しますので，そこに発達する境界層を解像するだけの細かなメッシュ配置としています。

境界層用のメッシュは自動的に生成しています。メッシュを流体場の全域にわたって移動させると計算の効率を低下させるので，図 4.22 にある円柱の中心を通る縦線とフィンの下流位置にある縦線で囲まれた領域のメッシュのみを移動させるという工夫をしています。

図 4.22　メッシュ配置図

図 4.23 に，メッシュが変形移動している様子を示します。フィン内部のメッシュは構造変形解析に使われます。構造変形によってフィン境界形状の変形が決まり，フィン境界の構造変位を時間微分することで，フィン境界面の速度ベクトルが決定されます。

移動している固体壁上では，流体はすべりなし条件を満たします。この場合，すべりなし条件は，フィン境界面での流速ベクトルが構造変位の変形速度ベクトルに一致するということを意味します。前述の平行平板流路の固体壁でのすべりなし条件では，壁の速度が 0 でしたので，流体速度も 0 であるとしたということです。移動壁も固体壁も含めてすべりなし条件を説明する場合には，壁の移動速度と流速の相対速度が 0 である条件だと説明することになります。

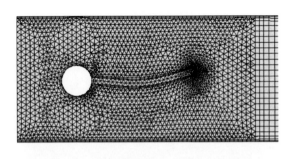

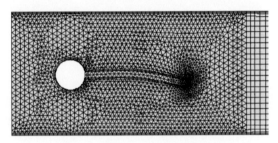

図 4.23 メッシュの変形の様子

4.5.2 フィン付き円柱を過ぎる非定常流れ解析

図 4.24 に構造 − 流体連成解析の結果を示します。フィンと流体が連動して動いている様子がとらえられており，流速ベクトルと渦度の大きさが表示されています。流速ベクトルは壁面での相対速度が 0 であるというすべりなし条件を満たしながら，円柱上側壁面に発達する境界層から放出される時計方向の渦度と，円柱下側壁面の境界層から放出される反時計方向の渦度が，下流でカルマン渦列を形成して流下している様子が観察されます。円柱背後では，変形するフィンの上下で逆流を形成している様子も観察されます。

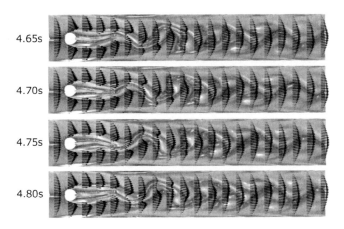

4.65s

4.70s

4.75s

4.80s

図 4.24　フィン付き円柱の周りの構造 – 流体連成による非定常場の解析結果

　流体 – 構造連成解析を行うと，魚が身体を様々な形に変形させることで
水中をどのように進んでいくかという計算ができます [14]。これは例え
ば，深海の自動探査ロボットといったことに発展すると考えられます。

参考文献

[1]　今井功：『流体力学（前編）』，裳華房，1976.

[2]　巽友正：『流体力学』，培風館，1982.

[3]　神部勉：『流体力学』，裳華房，1999.

[4]　Milton Van Dyke: *Perturbation Methods in Fluid Mechanics*, The Parabolic Press, 1975.

[5]　Pierre-Yves LAGREE: Multiscale Hydrodynamic Phenomena: Matched Asymptotic Expansions, 2021.
http://www.lmm.jussieu.fr/~lagree/COURS/M2MHP/MAE.pdf (2021 年 11 月 22 日参照)

[6]　Milton Van Dyke: An Album of Fluid Motion, Parabolic Press, 1982.

[7]　M. Schafer and S.Turek: Benchmark Computations of Laminar Flow Around a Cylinder, E.H. Hirshel(ed.), Flow Simulation with High-Performance Computers II (1996).

[8]　『第 3 版有限要素法による流れのシミュレーション』，日本計算工学会編，丸善出版，2017.

[9]　CAD/CAE 研究会編：有限要素法解析ソフト Ansys 工学解析入門（第 2 版），オーム

社，2005.

[10] FSI Analysis of a Sports Car Side Door.
https://www.comsol.jp/model/fsi-analysis-of-a-sports-car-side-door-99871
（2021 年 10 月 28 日参照）

[11] Smoke from an Incense Stick – Visualizing the Laminar to Turbulent Transition in Natural Convection.
https://www.comsol.jp/model/smoke-from-an-incense-stick-8212-visualizing-the-laminar-to-turbulent-transition-97501（2021 年 10 月 28 日参照）

[12] Vibrating Beam in Fluid Flow.
https://www.comsol.jp/model/vibrating-beam-in-fluid-flow-9408（2021 年 10 月 28 日参照）

[13] Yuri Bazilevs, Kenji Takizawa, Tayfun E. Tezduyar：『流体 − 構造連成問題の数値解析』，津川祐美子，滝沢研二 共訳，森北出版，2015.

[14] M. Curatolo and L. Teresi: The Virtual Aquarium: Simulation of Fish Swimming, Excerpt from the Proceedings of the 2015 COMSOL Conference in Grenoble.
https://www.comsol.jp/paper/the-virtual-aquarium-simulations-of-fish-swimming-25341（2021 年 12 月 1 日参照）

第5章

最適化の応用

　最適化は重要な設計ツールであり，寸法および
パラメータ最適化，形状最適化，トポロジー最適
化などが挙げられます。数値解析と最適化を組み
合わせることによって，より設計目的に沿った製
品開発を行うことができます。

　マルチフィジックス解析と最適化を組み合わせ
る際には，複数の物理カテゴリの連成するマルチ
フィジックスが目的関数に対して与える影響や，
設計変更が個々のフィジックスに対する影響を考
える必要があります。本章では，マルチフィジッ
クス数値解析ソルバーと最適化の仕組みの両方を
もっている COMSOL Multiphysics による最
適化について説明します。

5.1　最適化の基礎

　最適化とは，ある設計問題に関して，設計目標を達成するような設計パラメータや形状，トポロジーを決めるプロセスです。本節では，最適化の一般的な流れや定式化，よくある最適化の種類，最適化問題を解くためのソルバーについて説明します。

5.1.1　最適化の仕組み

　一般的には，最適化を実施する際には目的関数および制御変数（コントロール変数）を定義する必要があります。必要に応じて制約条件（拘束条件）を追加し，設計目標の達成は目的関数の最小化あるいは最大化で表します。最適化の過程で変更する設計パラメータや形状，トポロジーを表す変数などは，最適化問題の制御変数になります。

　例えば音叉のチューニングでは，図 5.1 にあるように，固有周波数 f を目的の $440\mathrm{Hz}$ にするために音叉の長さ L_p を最適化で決める際に，$f - 440\mathrm{Hz}$ が目的関数，L_p が制御変数になります。

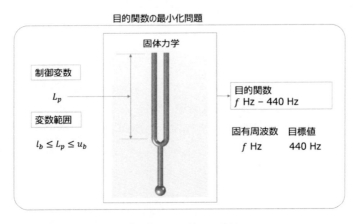

図 5.1　音叉の長さ変更による固有周波数のチューニング

一般的な最適化の定式化は以下になります。

$$\begin{cases} \min_\xi Q(\xi) \\ \xi \in C \end{cases}$$

$$C = \{\xi : lb \leq G(\xi) \leq ub\}$$

ここで Q は目的関数，ξ は制御変数，C は不等式拘束で表現されている制御変数の集合です。$\to Q$ および G が ξ の式で明示的に表現できる際は，古典的最適化問題になります。一般的な最適化の流れを図 5.2 に示します。

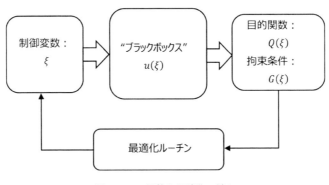

図 5.2　一般的な最適化の流れ

5.1.2　最適化の種類

最適化の種類は，寸法およびパラメータ最適化，形状最適化，トポロジー最適化が挙げられます。図 5.3 は，左端固定，上面に分布荷重を印加する片持ち梁の最適化例です。右上の点 A の垂直変位が一定閾値を超えない条件を拘束として，梁の重量最小化を目的関数とします。寸法最適化の場合は下面境界にある制御点の座標を，形状最適化の場合は下面境界形状を表す多項式の係数を，トポロジー最適化の場合は設計ドメインの密度分布変数を制御変数とします。トポロジー最適化は位相 (topology) を変える，つまり，いままで穴のなかった箇所に穴をあけるという具合に材料のつながり自体の変更も許容する最適化手法です。図 5.3 の計算結果か

119

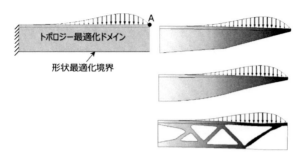

図 5.3　最適化の例　上：初期形状と荷重分布，右上：寸法およびパラメータ
最適化，右中：形状最適化，右下：トポロジー最適化

ら，以下で説明する寸法，形状およびトポロジー最適化のイメージがわか
ります。

(1) 寸法およびパラメータ最適化

　寸法最適化は，設計対象の 1 個あるは複数の場所の寸法を制御変数とし
て利用する最適化です [1, 2]。図 5.1 で紹介した音叉寸法の最適化は，寸
法最適化に該当します。一般的に設計変数の数が少なく，セットアップが
比較的簡単であることが特徴です。

　パラメータ最適化は，物性など限られたパラメータを制御変数として実
施する最適化です。寸法最適化は，ある意味ではパラメータ最適化の一種
です。最小二乗法を用いて，実験データとのフィッティングによって，パ
ラメータあるいは物性値を推定することも，パラメータ最適化の重要な応
用になります [3, 4]。

　例えば電気化学の応用として，最小二乗目的関数を用いてインピーダン
スの解析結果を EIS（電気化学インピーダンス分光法）測定結果に合わせ
ることで，リチウムイオン電池の交換電流密度やイオン拡散係数，電気二
重層キャパシタンスなどを推定することができます [5]。

　本章では，COMSOL Multiphysics の COMSOL Desktop 上でプログ
ラムレスで利用できる最適化ソルバーをメインに説明しますが，ここでは
最適化の具体的な流れを説明するために，音叉寸法最適化のプログラム
コードを解説します。ユーザー自身が最適化手法も開発する場合には，こ

のようにプログラムコードを記述して，その最適化手法の動作や得られる
結果について検討を行うことができます。

音叉寸法最適化問題では，固有周波数を指定値 (440Hz) に決めたいた
め，物理問題として構造力学の固有周波数計算になります。この構造問題
は図 5.2 のブラックボックスに該当し，PDE（偏微分方程式）でモデリン
グでき，FEM（有限要素法）で固有周波数を求めることができます。

目的関数を $f - 440$Hz，制御変数を音叉の長さ L_p に決めた後に，図 5.2
の最適化ルーチンで制御変数を更新し，目的関数の最小化を図ります。こ
の最適化ルーチンの主要なパートは以下のプログラムで実現できます [6]。

```
行1    int MAXITERATIONS=20;//最大反復回数
行2    double L1=85;//長さの初期値 20Hz<fq<10,000Hz.
行3    double L2=60;//長さの初期値 20Hz<fq<10,000Hz.
行4    double carry=L1;    carry に L1 をコピーしておく
行5    double f2=frequency(L2)-targetfq;//L2 に対する FEM 計算結果で
f(L2) を計算
行6    setProgress(100/MAXITERATIONS);//プログレスバーの設定
行7    fq=frequency(L1);//画面表示用の変数、L1 に対する FEM 計算結果を
fq とする
行8    setProgress(20);
行9    double f1=fq-targetfq;//f(L1) を計算
行10   L1=L1-f1*((L1-L2)/(f1-f2));//セカント法
行11   L2=carry;//caryy の内容を L2 にコピー
行12   L1=Math.max(L1, 1e-3);//Java の数学ライブラリの最大値計算関数
行13   int k=2;//整数 k を 2 とする
行14   while (k<MAXITERATIONS&&Math.abs(f1)>fqtol){
行15   f2=f1;//f1 の内容を f2 に置き換える
行16   fq=frequency(L1);//fq を L1 での FEM 計算結果とする
行17   f1=fq-targetfq;//f1 を更新する
行18   carry=L1;//carry に L1 をコピーする
行19   L1=L1-f1*((L1-L2)/(f1-f2));//新しい L1 を算出する
行20   L2=carry;//carry を L2 にコピーする
行21   L1=Math.max(L1,1e-3);//
行22   k = k + 1;
行23   setProgress(k*100/MAXITERATIONS);
行24   }
```

121

　最適化プログラムでは，どのように制御変数を更新していくのかが最も重要です。この音叉寸法最適化プログラムでは，以下に述べるセカント法による最適化が実装されています。

　セカント法について説明します。目的関数 $Q(\xi)$ の最小化を考えるときに，現在の制御変数 ξ_i および目的関数 $Q(\xi_i)$ から次の制御変数 ξ_{i+1} へ更新する際に，ニュートン法によって次の制御変数を以下のように決めることができます：

$$\xi_{i+1} = \xi_i - \frac{Q(\xi_i)}{Q'(\xi_i)}$$

$Q'(\xi_i)$ は目的関数の制御変数に関する微分になります。したがって，ニュートン法を適用すると，制御変数を更新する際に，目的関数と目的関数の微分の両方を計算する必要があります。目的関数の微分計算は計算時間がかかります。

　そこで，セカント法では，後退差分近似によって目的関数の微分を近似する方法を用います。目的関数の微分計算が不要なので，一反復の計算速度が速いことが特徴です。具体的には，セカント法を利用する際には，以下の反復過程に従って制御変数の更新を行います。

$$Q'(\xi_i) = \frac{Q(\xi_i) - Q(\xi_{i-1})}{\xi_i - \xi_{i-1}}$$
$$\xi_{i+1} = \xi_i - Q(\xi_i)\frac{\xi_i - \xi_{i-1}}{Q(\xi_i) - Q(\xi_{i-1})}$$

　セカント法最適化プログラムの中の f1, L1 および f2, L2 は，それぞれ最適化反復計算過程での現在および前のステップの目的関数値と制御変数値です。

　プログラムの行 5, 7, 16 の中の frequency( ) は，別途定義する構造問題の FEM 計算を呼び出すメソッドです。例えば fq=frequency(L1) は，制御変数 L1 に対する FEM 計算をコール実施し，その結果を fq とする機能です。この frequency は，具体的には，ユーザーがモデルビルダーで設定した音叉のジオメトリ，固体力学の支配方程式，材料設定，メッシュ，固有値計算ソルバーをすべて含みます。したがって，音叉寸法に関する制御変数 L1 が変更されるたびに音叉のジオメトリが変更されそれに伴って

メッシュを自動生成するという内容を含みますが，それをオブジェクトとして取り扱うことで frequency という一語で表現ができている点に注目してください。

　while の部分は最適化の反復，行 19 はセカント法による制御変数 L1 の更新です。最大反復回数 MAXITERATIONS に達しておらず，かつ目的関数の絶対値が事前に定義したトレランス fqtol を超えない場合，while の反復計算を実行します。

　この例はプログラムコードによって最適化計算を実現していますが，ソフト内蔵の最適化ソルバーを利用して計算する際には，プログラミングは不要です。そのような場合でも，最適化がこのような解き方をしているというイメージをもっておくと，ソフトウェアに関する理解が深まります。

(2) 形状最適化

　形状最適化の特徴は，設計対象の境界形状を制御することです。例えば図 5.3 の形状最適化問題に関して，バーンスタイン多項式 (Bernstein polynomials) を利用して設計対象の境界の変位を表現し，この多項式の係数を制御変数にすることができます。4 階バーンスタイン多項式は以下になります：

$$B_4 = C_0 \left(1 - x\right)^4 + C_1 x \left(1 - x\right)^3 + C_2 x^2 \left(1 - x\right)^2 + C_3 x^3 \left(1 - x\right) + C_4 x^4$$

　図 5.3 は片持ち梁の最適化問題で，形状最適化境界の左端 $x = 0$ は固定拘束によって固定されています。したがって，上記 4 階バーンスタイン多項式の係数 C_0 を $C_0 = 0$ にします。残りの係数 C_1，C_2，C_3，C_4 は，形状最適化の制御変数になります。最適化ルーチンによってこれらの制御変数を更新すると，梁の形状がそれによって変化することになります。

　形状最適化問題の計算は，制御変数が少ない場合は近似勾配ソルバーで解けますが，制御変数が多い場合は勾配ベースソルバーが必要になります。COMSOL Multiphysics の形状最適化スタディを利用して半自動的に形状最適化を実施する際には，勾配ベースソルバーを利用することになります [7, 8]。

(3) トポロジー最適化

　トポロジー最適化は名前の通り，設計対象となる構造のトポロジー[1]を変更できる最適化方法で，直感的に思いつかない斬新なデザインを生み出す可能性があります。計算コストが比較的に高く，計算手法によって結果に5.3.2項で説明するグレーゾーンやチェッカーボードパターンが計算されることがあるので，後処理が必要になる場合があります。トポロジー最適化の詳細は，5.3節にて紹介します。

5.1.3　最適化のソルバー

　最適化の定式化を決めた後に，制御変数を更新して目的関数の最小化あるいは最大化を実現するためには，最適化ソルバーによる反復計算が必要になります。COMSOL Multiphysics の Livelink for MATLAB やアプリケーションビルダーのメソッド機能を利用すると，最適化アルゴリズムをカスタマイズして実装することが可能です。

　前項の (1) 寸法最適化では，プログラミングによって実装されたセカント法による最適化ルーチンを利用して，最適化の流れを説明しました。ここでは，他の一般的な最適化問題に利用されているソルバーの特徴を紹介します。これらのソルバーはすべて COMSOL Multiphysics に実装されていて，COMSOL Desktop 上で利用できる最適化ソルバーになります。

　本項で紹介する最適化ソルバーは，勾配ベースソルバーと勾配を利用しないソルバーに大きく分けられます。勾配とはある量を制御変数で微分したものという意味です。

(1) 勾配を利用しないソルバー

　勾配を利用しないソルバーには，近似勾配ベースソルバー，座標探索法ソルバーおよびモンテカルロ法ソルバーがあります。

　勾配を利用しないソルバーは，目的関数や拘束条件が微分不可能の場合でも利用できるので，非常に汎用的です。制御変数の数が多いときには計算コストが大きいため，一般的に制御変数の数が 10 個以下のときに利用

1　　位相。ものとものとのつながり具合。

されています。有限要素解析では計算精度はメッシュの配置によるため，必要に応じてメッシュを再配置することがあります。それをリメッシュと呼びますが，リメッシュを利用するモデルに関しても，目的関数が滑らかではないため，勾配を利用しないソルバーが使われています。勾配を利用しないソルバーの特徴を表 5.1 にまとめます。

表 5.1　勾配を利用しないソルバーの特徴

COBYLA	BOBYQA に似ているが，線形近似を使う。 拘束条件を取り扱うことができる。
BOBYQA	目的関数に 2 次関数近似を使う。 おそらく最速だが，目的関数が十分に滑らかであることが必要。
Nelder-Mead	シンプレックスを構築し，最悪点を改善する。線に沿った勾配を予測し，次の変数に移動する。それを繰り返す。
座標探索	毎回一個の設計変数について探索。線に沿って勾配を予測し，次の変数に移動する。それを繰り返す。
モンテカルロ	設計変数をランダムに評価する。 統計的に密なサンプリングのみが大域最適解を求める。

(2) 勾配ベースソルバー

勾配を利用する勾配ベースソルバーは，微分可能な目的関数および拘束条件を取り扱う場合や制御変数が多いときでも利用できます。トポロジー最適化を実施する際には，一般的に勾配ベースソルバーの利用が必須です。勾配ベースソルバーの特徴を表 5.2 にまとめます。

表 5.2　勾配ベースソルバーの特徴

MMA	線形，随伴勾配を使う。トポロジー最適化ではポピュラー。トポロジー最適化では gcmma を利用する。
SNOPT	汎用ソルバー。二次関数，随伴勾配を使う。制御変数に下限上限がある場合の最小自乗問題にも使える。
IPOPT	汎用ソルバー。解析的あるいは半数値的に勾配を求める必要がある。
Levenberg-Marquardt	拘束条件のない最小自乗問題のみに使う（高速）。

5.2　マルチフィジックス最適化

本節では，マルチフィジックス最適化を実施する際の注意点について説明をします。

マルチフィジックス最適化とは，複数の物理カテゴリ（以後，フィジックス）が支配する数値モデルに対する最適化です。個々のフィジックスは偏微分方程式 (PDE) で表現するため，このときの最適化の目的関数と拘束条件は式で明示的に表現されるのではなく，PDE の解で与えられる場合があります。この場合は PDE 拘束下での最適化 (PDE constrained optimization) になり，最適化の定式化は，以下のように記述することができます。

$$\begin{cases} \min_\xi Q\left(u\left(\xi\right),\xi\right) \\ L\left(u\left(\xi\right),\xi\right) = 0 \\ lb \leq G\left(u\left(\xi\right),\xi\right) \leq ub \end{cases}$$

ここで，$u(\xi)$ はマルチフィジックス数値モデル PDE の解です。目的関数 $Q(u(\xi),\xi)$ は制御変数 ξ および PDE の解 $u(\xi)$ の関数の形を取っているため，個々のフィジックスが目的関数に寄与します。3番目の不等式は非線形拘束条件です。

$L(u(\xi),\xi)=0$ はマルチフィジックス数値モデルを表す式で，PDE を離散化した後のものです。つまりマルチフィジックス解析に使う PDE の離散表現を等式拘束と考えて，その拘束の下で最適化を行うと考えるのです。以下では，マルチフィジックス最適化問題の目的関数および拘束条件について説明します。

5.2.1　マルチフィジックス最適化における目的関数

マルチフィジックス最適化を実施する際には，個々のフィジックス計算結果が目的変数の変化に寄与します。目的関数は，一般的に以下のように表現できます。

$$Q\left(u,\xi\right) = Q_{\text{global}}\left(u,\xi\right) + Q_{\text{probe}}\left(u,\xi\right) + \sum_{k=0}^{n} Q_{\text{int},k}\left(u,\xi\right)$$

ここで，n はマルチフィジックスモデルの空間次元，Q_{global} は目的関数に対するグローバル寄与です。Q_{probe} はプローブ寄与で，ある与えられたジオメトリックエンティティ（点，線分，面，体積のことを意味する）内部のある点で定義されたプローブに関する目的関数です。Q_{int} は積分寄与で，同一次元 k のジオメトリックエンティティに制限された積分で定義された積分目的関数です。

これらの寄与の総和が最適化問題の目的関数です。つまり，いろいろなレベルの内容を実数値というものに写像した上で，それらの実数値を足し合わせて得られる実数値の最大値問題あるいは最小値問題を考えることができます。このように目的関数への複数の寄与を同時に考える最適化問題は、多目的最適化ともいいます。

5.2.2 マルチフィジックス最適化における制約条件

前出の非線形拘束条件 $lb<=G(u(\xi),\xi)<=ub$ を，以下のような 3 つのグループに分けて取り扱うことにします。

$$lb_P \leq P(\xi,u) \leq ub_P$$
$$lb_\Psi \leq \Psi(\xi) \leq ub_\Psi$$
$$lb_b \leq \xi \leq ub_b$$

この拘束条件の第 1 番目の不等式は一般的な陰的拘束を表しています。拘束の中に PDE 解 u と，コントロール変数 ξ を同時に含んでいるため，最適化過程で PDE 解の更新とともに規定されます。

第 2 番目の不等式はコントロール変数 ξ のみによって陽的に表された拘束です。マルチフィジックス解の更新とは無関係に常に計算され，非線形の場合には計算負荷がかかります。

第 3 番目の不等式はコントロール変数の拘束です。この拘束はコントロール変数を設定範囲（下限値と上限値で決まる範囲）に制限するので，この条件を課せば，不要なコントロール変数の値の範囲を取り扱わずに済み，計算負荷が軽くなります。

5.3　トポロジー最適化

　トポロジー最適化は，直感的に思いつかない斬新な設計を創出することができるため，非常に注目されている最適化の方法です。本節では，COMSOL Multiphysics に実装されている密度法によるフィルター，材料補間などを解説してから，マルチマテリアルトポロジー最適化への応用例を紹介します。

5.3.1　トポロジー最適化の発展の歴史

　1988 年に，Bendsøe と Kikuchi が均質化法によるトポロジー最適化を提案しました [9]。この方法では，設計空間を周期的なマイクロストラクチャで充填して，マイクロストラクチャの等価材料物性を均質化法で算出します。マイクロ構造と物性値に関連づけられているため，完全空洞および完全充填の間の中間状態も，物理的な意味をもつ設計になります。しかし，そのような中間状態を許すマイクロストラクチャの製造が難しいという問題がありました。

　そこで，1989 年に Bendsøe が密度法を提案しました [10]。この方法では，0〜1 の間で変化するように正規化された材料密度を導入しました。材料密度を等価材料物性に関連づけすることによって，最適化の実装が簡単になりましたが [11]，0〜1 の間にできるグレースケール状態の材料密度の物理的な解釈が困難であるため，最適化結果にできるだけグレースケールが含まれないように工夫する必要があります。

　続いて 2000 年に，Sethian と Wiegmann がレベルセット法に基づくトポロジー最適化方法を提案しました [12]。この方法では，レベルセット関数の形が材料の空間分布に関連づけられています。レベルセット関数のゼロレベルを材料と空洞の境目に一致させることによって，最適化計算結果のグレースケール問題が解決されます。そのため、近年広範囲な物理問題の最適化に適用されてきました [13-15]。しかし，設計対象のトポロジー変化はレベルセット関数に依存するため，均質化法や密度法のような自由なトポロジー変化ができない問題があります。そのような問題を解決するために，COMSOL Multiphysics には密度法が採用されています。

　密度法を利用したトポロジー最適化では制御変数が設計空間に分布する相対密度になり，制御変数の数は FEM モデルのメッシュに依存します。したがって，寸法最適化や形状最適化と比較して，一般的にトポロジー最適化では未知数（制御変数）の数が多いのが特徴で，そのため勾配ベースのソルバーが必須です。

　O. Sigmund が密度法を使った最適化の手順を 99 行の MATLAB コードで記述しています [16]。この 99 行のコードでは，最適化目的関数定義、感度解析および感度フィルターを実施しています。感度情報を用いた最適化ルーチンを利用して SIMP(Solid Isotropic Material with Penalization) 材料補間まで実装されており，99 行の非常にコンパクトなコードですので，密度法に基づくトポロジー最適化のコンセプトを理解するための良い材料です。

5.3.2　密度法

　密度法では，設計空間の各点に材料が存在しているか存在していないかを表現する制御変数である密度変数を最適化に導入します。この密度変数の空間分布が材料物性の空間分布を決めるので，マルチフィジックス数値モデルの解に影響し，最終的には目的関数の値に影響します。最適化を計算する際には，勾配ベースソルバー（一般的には MMA ソルバー）を利用して密度変数の空間分布を更新し，目的関数の変化を評価します。

　密度法の考え方は直感的で，容易に計算モデルに実装できます。密度変数は点ごとにある範囲内（一般的には 0 と 1 の間）の任意の数値をとることができますので，自由な設計ができる一方，最適化された構造には材料が存在するのと存在しない状態との中間にあるグレースケール問題や，材料のありなしが交互に現れるチェッカーボード問題が生じます。

　密度法においては，いかにグレースケールやチェッカーボードを減らし，滑らかな構造を得るかということが重要です。これらの問題を解決するには、以下の 3 つの方法が考えられます。

(1)PDE フィルターの適用

　密度法で算出された ρ^c はグレースケールやチェッカーボードのパター

ンを含みますが，拡散項をもつ PDE を通すことでフィルターをかけるという考え方です。

$$0 \leq \rho^c \leq 1$$
$$\rho^{\text{filtered}} = R^2 \nabla^2 \rho^{\text{filtered}} + \rho^c$$

ρ^c はフィルターをかける前の密度変数です。R はフィルター半径で，メッシュサイズ h と関係します。このフィルターは，ヘルムホルツ型フィルターといい，ρ^{filtered} を結果として出力します。トポロジー最適化の正則化に関して有効ですが，結果的にはグレースケール問題が顕著になる可能性があります（図 5.4 参照）。

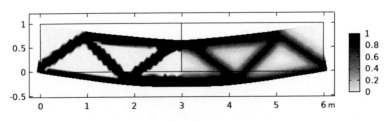

図 5.4　左：フィルター処理前の画像；右：フィルター処理後の画像

(2) 投影の適用

　グレースケールは 0 と 1 の間に存在するあいまいな量です。したがって，
グレースケール問題を緩和するには，滑らかなステップ関数を利用することであいまいな量をもつ部分を成形することを考えます。そのために，トポロジー最適化では投影 (projection) を利用する方法があります。COMSOL Multiphysics では、双曲線正接関数をベースにした投影関数を利用しています。

$$\rho^{\text{project}} = \frac{\left(\tanh\left(\beta\left(\rho^{\text{filtered}} - \rho^\beta\right)\right) + \tanh\left(\beta\rho^\beta\right)\right)}{\left(\tanh\left(\beta\left(1 - \rho^\beta\right)\right) + \tanh\left(\beta\rho^\beta\right)\right)}$$

β は投影スロープです。投影によってグレースケールを改善できます

（図 5.5 参照）。最適化ソルバーの収束が難しくなる傾向がありますが，β を調整することによって投影の影響をコントロールすることができます。ρ^β は投影ポイントです。

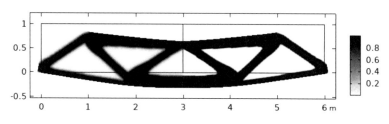

図 5.5　左：投影処理前の画像；右：投影処理後の画像

(3) 材料の補間

ヤング率 E を、密度変数の分布から算出する際に、以下の SIMP 材料補間式が考えられます。

$$E = \rho^{\mathrm{project}^P} E_0$$

E_0 は材料もともとのヤング率，P は密度にかかる乗数です。P を大きく設定すればするほどグレーの部分の材料剛性が減っていくので，グレースケール問題が緩和されます。

5.3.3　マルチフィジックストポロジー最適化の例

　ここでは，電気 - 伝熱構造のマルチフィジックストポロジー最適化の例を紹介します。この例は，2 種類材料（空洞部分を材料として考えると 3 種類）の空間分布を最適化した，マルチマテリアル最適化でもあります。

　ある設計目標を達成するために材料を選定する際に，複数の物性値が設計結果に影響します。例えば電気 - 伝熱 - 構造連成の設計問題を考える際には，材料の密度，電気伝導率，熱伝導率，ヤング率，熱膨張係数などが設計結果に影響します。複雑なマルチフィジックス問題の設計目標に理想的な物性値を全部そろえた 1 種類の材料は考えにくいため，複数の入手しやすい材料を組み合わせて，それぞれの材料の長所を利用して良い設計を

131

実現することが，マルチマテリアル最適化の目標です。

電流駆動の熱アクチュエータの設計問題を考えます。設計空間は 10 mm×10 mm の矩形空間です。上下対称性を有する構造なので，上半分のみモデリングします。実際の最適化設計空間を図 5.6 に示します。

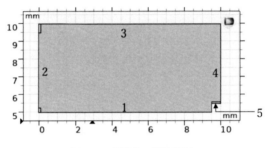

図 5.6　最適化の設計空間

電流問題に関しては，図 5.6 の境界 2 に電位を 1V に設定し，境界 5 に接地条件を設定します。伝熱問題に関しては，境界 2 の温度を 25 ℃に固定して，境界 3 および 4 に室温外気への対流熱伝達条件を設定します。構造問題に関しては，境界 2 に固定拘束を設定し，境界 5 に上向き 1 N の境界荷重を印加します。境界 1 は電流，伝熱および構造問題の対称境界にします。材料 A および材料 B の物性値は表 5.3 にまとめました。

境界 5 の下向き変位が 0.3 mm になるように目的関数を定義し，軽量化を図るために，材料利用の上限は全設定空間の半分としました。また，ベ

表 5.3　材料物性

物性値	材料 A	材料 B
rho [kg/m³]	7850	2700
Cp [J/(kg·K)]	475	900
k [W/(m·K)]	44.5	238
sigma [S/m]	4.032e6	3.774e7
alpha [1/K]	12.3e-6	2.3e-6
E [Pa]	200e9	70e9
nu [-]	0.3	0.33

き乗則材料補間スキームを利用して混合材料の物性を定義しました。

COMSOL Multiphysics Ver.5.6 の密度法トポロジー最適化機能を利用して材料 A および B の密度分布変数を設定し，MMA ソルバーを利用して最適化問題を計算した結果として，材料 A と B の合計の体積分率空間分布，材料 A のみの空間分布，材料 B のみの空間分布を図 5.7 に示します。

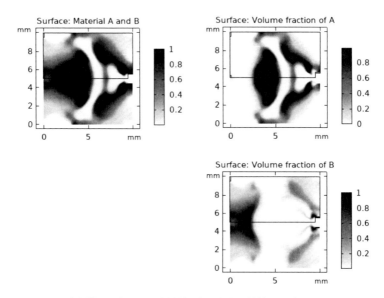

図 5.7　最適化結果　左上：混合材料分布，右上：材料 A 分布，右下：材料 B 分布

トポロジー最適化の計算結果から材料 A および B の材料分布を抽出して検証計算を実施した結果，電圧を印加する際に，図 5.8 に示すように右側中央部がクリップのように動作することが確認できます。

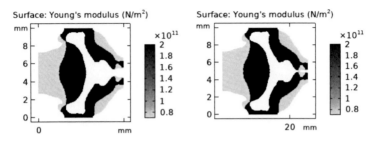

図 5.8　検証計算結果，左：通電前の形状；右：通電後の形状

参考文献

[1]　Multistudy Optimization of a Bracket.
https://www.comsol.jp/model/multistudy-optimization-of-a-bracket-19761

[2]　Parameter Optimization of a Tesla Microvalve.
https://www.comsol.jp/model/parameter-optimization-of-a-tesla-microvalve-69591

[3]　Mooney-Rivlin Curve Fit.
https://www.comsol.jp/model/mooney-rivlin-curve-fit-5886

[4]　Impedance Tube Parameter Estimation with Data Generation.
https://www.comsol.jp/model/impedance-tube-parameter-estimation-with-data-generation-71561

[5]　Modeling Impedance in the Lithium-Ion Battery.
https://www.comsol.jp/model/modeling-impedance-in-the-lithium-ion-battery-17809

[6]　Tuning Fork. https://www.comsol.jp/model/tuning-fork-8499

[7]　Shape Optimization of a Tesla Microvalve.
https://www.comsol.jp/model/shape-optimization-of-a-tesla-microvalve-70921

[8]　Shape Optimization of an Acoustic Demultiplexer with 4 Ports.
https://www.comsol.jp/model/shape-optimization-of-an-acoustic-demultiplexer-with-4-ports-73611

[9]　M.P.Bendsøe and N.Kikuchi:　Generating optimal topologies in structural design using homogenization method; *Computer Methods in Applied Mechanics and Engineering*, Vol.71, No.2, pp.197-224(1988)

[10]　M.P.Bendsøe:　Optimal shape design as a material distribution problem; *Structural Optimization*, Vol.1, No.4, pp.193-202(1989)

[11]　M.P.Bendsøe and O. Sigmund: Topology Optimization: *Theory, Methods, and*

Applications, 2nd Corrected ed., Springer, 2004.

[12] J.A.Sethian and A. Wiegmann: Structural boundary design via level-set and immersed interface methods; *Journal of Computational Physics*, Vol.163, No.2, pp.489-528(2000)

[13] 山崎慎太郎, 西脇眞二, 泉井一浩, 吉村允孝：レベルセット法に基づく機械構造物の最適化（新しい再初期化法の構築と剛性最大問題へ適用），『日本機械学会論文集（C 編）』, 73 巻 725 号 (2007), pp. 72-79.

[14] 矢地謙太郎, 山田崇恭, 吉野正人, 松本敏郎, 泉井一浩, 西脇眞二：格子ボルツマン法を用いたレベルセット法に基づくトポロジー最適化,『日本機械学会論文集（C 編），79 巻 802 号 (2013), pp. 2152 -2163, o.2013-JCR-0088.

[15] Li, H., Kondoh, T., Jolivet, P., Furuta, K., Yamada, T., Zhu, B., Izui, K., Nishiwaki, S., Three-dimensional topology optimization of a fluid-structure system using body-fitted mesh adaption based on the level-set method, *Applied Mathematical Modelling,* Vol.101, (2022), pp.276-308.

[16] O.Sigmund, A 99 line topology optimization code written in Matlab, *Struct Multidisc Optim*, Vol.21, (2001), pp.120-127.

135

第**6**章

アプリによる解析支援

アプリは，アプリケーションソフトウェア
(application software) の略で，Apps と表記
します。「目的にあった作業をする応用ソフト
ウェア」であるといった説明がなされます。

開発したマルチフィジックス解析が「誰で
もいつでもどこでも」利用できる数値解析環
境を提供することが，次世代の研究開発・教育
を切り開きます。本章では，そのような環境と
して現時点で唯一の仕組みである，COMSOL
Multiphysics が提供するアプリによる解析支援
について解説します。

6.1　マルチフィジックス解析のアプリ

本節では，アプリというものがマルチフィジックス解析の世界でどのように利用されているのかを説明します。アプリの作成は簡単に実現できます。具体的な作成例は付録に示します。

6.1.1　海外での活用事例

COMSOL Multiphysics にアプリ作成機能であるアプリケーションビルダー [1] が Ver.5.0（2014 年）に搭載されて後，海外を中心に活用事例が数多く報告されてきました。COMSOL 社による特集記事 (COMSOL News[2-5], Multiphysics Simulation, An IEEE Insertion[6-9]) では，次のような事例が紹介されています。

- 変圧器から発生するハム音（電磁気（磁歪），機械振動（ローレンツ力による加振），圧力音響の連成）の設計
- 固体ロケットモータの燃焼不安定による音響解析（燃焼室の圧縮性流体と複素音響ポテンシャルの連成）
- パワーエレクトロニクス分野でのヒートシンクの最適化（流体と伝熱の連成）
- 歴史的建造物や芸術品の保全のための建築環境の改善（伝熱，流体，水分移動の連成）
- 静電型ヘッドフォンの開発（構造力学，MEMS，音響の連成）
- カスタムコンデンサのファインチューニング（電磁気，伝熱，形状最適化の連成）
- リチウムイオンセルの熱解析とレーザー溶接による熱検討
- 人工衛星システムでのアーク放電による回路故障解析（伝熱，プラズマ物理，電磁気）
- 半導体の微細加工におけるフォトリソグラムの空気軸受（ナノオーダーのマルチフィジックス解析）
- 汚水処理施設の設計（エアレーション解析）
- バイオ医薬業界における乾燥・殺菌（撹拌，酸化エチレン濃度解析など）

- アルミニウムによる軽量化での腐食解析（電気化学，腐食）
- 風力発電機の落雷保護設計（炭素繊維複合材料，電磁気）
- 電気自動車のモータ開発（電磁気，構造力学）

大学教育においてでは，次のような事例があります。

- STEM 教育 (Science Technology, Engineering and Mathematics) の品質向上（IVANA MILANOVIC, Hartford 大学 [4, 6]）
- 人体内の薬物動態解析（Robert A. Abbiari，オクラホマ大学薬学部，博士課程学生対象 [5]）
- ダムの耐震安全性評価（Matteo Mori，ピサ大学，土壌と構造部の相互作用の研究 [5]）

これらの事例から，アプリを利用することで次のような効果が得られたといえます。

①受託開発の結果を客先に展開しやすくなった

②電気自動車のモータ開発に，専門外の構造解析をスムースに持ち込めた [8]

③アプリを使用し理解が深まりプロトタイピングにかかる時間・コストを削減できた [2]

④家具仮想検査ツールとして，実試験前に椅子のデザインの合否を予測できた [2]

⑤古い建物や絵画といった貴重な遺産の保全を数値解析で分析できた [2]

⑥モデルの開発者がモデル開発後の業務展開の心配をすることなく，開発モデルが十分に業務で活用できた

⑦問題解決型・探求型の学習と数値解析・アプリの組み合わせでSTEM教育が実現できた [4, 6]

⑧解析の専門家ではない営業が客先と技術的な打ち合わせを行い，かつ開発へフィードバックできた [3]

6.1.2 国内での活用事例

国内の企業でもアプリの利用が広がりつつありますが，企業研究開発に関する情報はあまり表に出てきません。教育では，熱伝導の教育高度化

（石飛宏和，群馬大学 [4]），学部教育への展開（村松良樹，東京農業大学 [9]），計算力学の研究と教育への展開（高野直樹，慶應義塾大学 [10]）などの事例があり，次のような効果が得られたといえます。

①ソフトウェアの操作を知らない学生たちが講義室で使える教材を開発できた

②クラスの内外で学生たちが数値解析を効率よく習得するための取り組み（予習，復習，実習）がネットワーク経由で可能

③講義をする側が，道具の使い方の説明に時間を使う必要がなく，講義の時間を有効に使える

④学生が時間や場所を気にせずアプリで予習・復習ができる

6.2　アプリの配布機能

アプリ作成・利用のためのソフトウェアとして，2014 年に COMSOL Server[11] が，2018 年に COMSOL Compiler[12] が導入されました。本節では，これらの機能を使って何ができるかを説明します。

6.2.1　COMSOL Server による配布

COMSOL Server はウェブ経由でアプリを配布するためのソフトウェア [11] です。このソフトウェアをサーバーマシンで稼働させておき，開発者の PC から，作成したアプリをサーバーマシン上にアップロードします。ユーザーはスマートフォンやタブレットで，ウェブを経由して COMSOL Server 上のアプリを操作できます。利用者はアプリで計算結果を確認したり，パラメータを入力して条件の異なる数値解析を実行しその結果を確認したりすることができます。

開発者がアプリを作成する折にメールアドレスを設定しておけば，ユーザーのアプリから計算結果のレポート送信や連絡などを行うことができます。ユーザーは専門的知識がなくても，アプリに記載の手順に沿って計算解析を進めてゆけます。

6.1.2 項で紹介した東京農業大学 [9] では，一度に 140 人程度の学生が

参加するクラスで，各人の携帯端末を使ってサーバー上のアプリを利用しながら講義を進めています。また慶應義塾大学では，学生のグループ学習にも使われており，アプリによる数値解析を通じて，結果の発表や質疑応答が効果的に実施されています [10]。いずれも，問題解決型・探求型の学習と数値解析・アプリの組み合わせを採用しています。

　企業であれば，解析部門だけではなく，営業部であれ，マーケティング部であれ，全く経験のない人でもいつでもどこでも数値解析を利用できる環境を構築できます。大人数で利用する場合，通常の CAE では各人が使用する PC を多数用意するところから始めることになりますが，COMSOL Server では各人の携帯端末を使用しますので，PC 導入費用がかかりません。

　一方で，サーバーマシンに一度に多数のアクセスがあると計算時間が遅くなることがあります。サーバーマシンをどの程度の能力にするかは，計算負荷がどの程度かかるかの見積もりに応じて決定します。なお，ユーザーの携帯端末側には COMSOL Multiphysics の使用ライセンスは不要です。アプリ配布者から発行されるパスワードで管理されます。

6.2.2　COMSOL Compiler による配布

　COMSOL Compiler[12] は，アプリの中に実行時に必要な機能を全部含めた形で実行形式ファイルを作成するソフトウェアです。Windows，Mac，Linux 用の実行形式ファイルを作成することができます。実行形式ファイルを配布されたユーザーは，自身の利用できる PC 上で計算を行うことができます。実行環境はアプリの中に入っていますので，すぐに動かすことができます。COMSOL Multiphysics の使用ライセンスは不要です。

　実行形式ファイルのメリットは，COMSOL Server に比べて，高負荷で長時間の計算を実行できる点です。もし PC の能力を超えた場合には，十分な能力をもつ PC を用意して，そこで動かすようにすれば業務に支障が生じません。計算の負荷のかけ方は各人で異なりますので，この形式であれば，必要な人のみが対応策を考えればよいので，現実的です。

　昨年から今年にかけて，コロナ禍によるテレワークの実施など働き方を

大きく変える必要が生じました。大学の教育も深刻な打撃を受けましたが，実行形式のアプリをうまく活用して乗り切った大学もありました。興味のある読者は，COMSOL Compiler で作成した実行形式ファイルをダウンロードできますので，ぜひ試してください [13]。配布したいモデルのアプリ化は簡単な手続きで実現できます [14]。

　企業においては，業態の実情を把握しながら，COMSOL Server と COMSOL Compiler による実行形式ファイル作成の組み合わせで，ロバストかつ持続可能性の高い業務体制を構築しておくとよいでしょう。図 6.1 にいままで述べたことをまとめた内容を示します。これにより，効率的な DB 構築や機械学習といったところまで一気にもっていくことができると考えられます。

図 6.1　次世代に向けた業務改革の方向

　次世代では，社会情勢や顧客のニーズを先取りして，新製品開発工程の最上流に市場の動きや顧客のニーズを迅速にフロントローディングする能力と，開発工程の各所で共通のデータベースを駆使して，迅速かつ精度良く意思決定できるかどうかが勝敗を決めると考えられます。

　アプリは，共通プラットフォームとして誰でも・いつでも・どこでも利用でき，従来トレードオフとしてきた性能をアプリによる物理的意思決定

支援によってトレードオンにするダイナミックな能力をマーケティングや営業あるいは研究開発部門といった各現場の中に根付かせ，それらのダイナミックな能力が強固に結合したチームビルディングを実現します。

このチームビルディングによって，研究開発部門はマーケティングや営業とのアプリによる正確な物理コミュニケーションによる情報交換のもとに，市場では本質的に何を手に入れようとしていて，作り手にどのような形でそれを実現してほしいと願っているのかという点に集中して取り組むことができます。

研究開発部門が本質的な事項を追求し行き着いた内容は，アプリという精度の高い表現手段を介して，再びチームに還流していきます。熟練者のもつ暗黙知はアプリで情報交換をする中で確実に形式知化していくことができます。これらの動きを通じて，高度な意思決定能力を「誰もが・いつでも・どこでも」発揮できる，持続可能性のある次世代型の組織を作ることが可能です。

6.3　アプリによる解析支援

本節では，いくつかの場合を想定して，アプリによる解析支援の方法を検討しておきます。参考にしてください。

6.3.1　方程式が固まっていない場合

皆さんの中には，数値解析では方程式ががっちりと決まっているものと考えている方も多いと思いますが，実はそうでもありません。

身近な例では，食品内部の熱・水分移動，燃料電池の電極，地下水の挙動に共通する多孔質流れでは，対象物内部の幾何構造の複雑さや，多孔質の空隙内部が水で満たされているか，気液界面があるかといったことで，取り扱いが大きく変化します。このような分野では，アプリに搭載する式を決めてしまうことが難しく，現場の実情に応じて式を変更できれば便利です。また境界条件も，実際にアプリを適用する場面で自由に変更することができれば実用的です。アプリの操作画面から式を入力できるようにし

ておけば，そのような状況にも対応できます。

　モデル開発側では，実際の使用状況の詳細を十分に把握できない場合も多いと考えられます。本書で紹介しているアプリでは式の入力自体をユーザー側に任せることでモデル開発期間の短縮を実現でき，式の変更に専門家が都度，作業時間をとられることもありません。ユーザー側にとっては，アプリを通じて思いもよらない応用が生まれる可能性もあります。

6.3.2　方程式の係数が実験に依存する場合

　マルチフィジックス解析に使う偏微分方程式は，現象論的な方程式です。例えばフーリエ (Fourier) の法則は，熱伝導係数と温度勾配の積の形に分子運動の形態をすべて押し込んだものといえます。逆にいえば，熱伝導係数を現象に合うように変更しても差し支えはないということです。

　伝熱などでも，分子運動の形態の変化や量子力学的効果を取り入れないと現象を説明できない場合がありますが，その効果を熱伝導係数の中に温度の関数などでモデル化してしまえば十分に精度良く実用的な計算が可能となることがあります。

　アプリを作成する場合にそのような状況が予測される場合には，物性値の式入力も可能な形式にしておきます（図 6.2 参照）。そうすれば，ユーザー側は目の前にある現象を説明できる式の形を探そうとするでしょう。

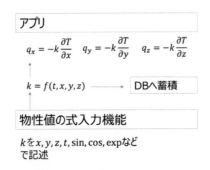

図 6.2　物性値の式入力機能で現場力を活かしたアプリ活用と DB 構築

これはモデルの開発側では難しい作業です。目の前に現象がないからで

す。アプリはこのように物性値を介して，現場の力を借りてマルチフィ
ジックス解析の適用性を向上させるにはもってこいの仕組みです。さら
に，現場とのやり取りをデータベース化しておけば，モデル開発側でより
洗練されたモデルを開発する糸口にもなると考えられます。ある現場で別
の現場の状況を予測したいとなったときは，蓄積したデータベースがその
力を発揮します。

6.3.3　マルチフィジックス解析の効率を改善したい場合

　アプリでは計算時間をできるだけ短縮したいところです。COMSOL
Server 上で 1 時間も計算にかかるとなると（長時間の計算中に携帯端末
を切り離しても再接続可能ですが），ユーザー側も困ってしまいます。

　COMSOL Compiler による実行形式ファイルでは，計算に数時間かか
るとしてもユーザーはその間にほかのことをやっていればよいのですが，
それでも数日かかるとなると大変です。そのようなことが生じる物理カテ
ゴリが流体力学です。第 4 章で紹介した自動車周りの乱流解析では数日以
上もかかります。これは他の市販ソフトウェアでも同様です。

　そこで，定常流体解析であれば，レーザー流速計で 3 次元流速ベクトル
を実測してその時間平均場を算出します。それを数表化したデータファイ
ルをアプリに読み込ませれば，定常流体解析に要する計算時間を 0 にでき
ます（図 6.3 参照）。すると，一方向連成問題においては定常流体計算が
不要となり，その後の温度や化学種濃度の移流問題はアプリでも短時間で
計算できます。

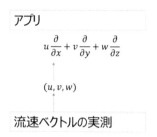

図 6.3　外部データの利用によるアプリの効率的活用

　病院の院内感染経路の分析などでは菌を流すわけにはいきませんが，院内の流速ベクトルを実測すれば，アプリ上で仮想汚染源を設定して，そこからどこに流れ込むかといったストーリーの検討も行えます。

　流体－構造連成解析では，構造変形が微小である場合は，流体解析から構造解析への一方向連成解析ができます。そのような場合，現場で流速場の平均値を測定し，それをアプリに入力すれば構造体の変形や応力を短時間で予測できます。

　例えば自然災害の可能性がある場合，実測した流速ベクトルの大きさをアプリに読み込み，アプリ上で災害時の状態に流速の大きさをスケールアップして災害時の予測値として利用し，構造解析を実施することで早めに対策を立てるといったことが可能です。

6.3.4　ウェブサイトを活用した支援形態

　次世代の技術として電磁波は現在も非常に重要ですが，今後ますますその利用が広がると考えられます。自動運転システムなどでは，車と車のコミュニケーションや周囲の情報を高速で集めるために必須です。しかしながら，電磁波は目に見えないため，その理解は難しいものがあります。

　そこを乗り越えて次世代のトップランナーになるには，電磁波を数値解析した結果を，アニメーションなどを通して可視化したものをたくさん見ることが重要です。

　一般にはそのようなことは難しいのですが，専門家が積極的にウェブサイト上で，数値解析の手順を含めた内容を広く公開する動きが出てきています（平野拓一，東京都市大学）[15]。このサイトでは，COMSOL Compiler の特徴であるライセンスフリーという点を活かして，幅広い層に開発したモデルをモデルファイルと実行形式ファイルの形で公開しています。電磁波は自分の専門ではないけれども，アプリを使って計算をするとはどんなことなのだろうと思われた方も必見です。また電磁波理論と有限要素解析によるシミュレーションの解説を含めた教科書が，同じ専門家により出版されています [16]。

参考文献

[1] COMSOL NEWS 2016.
https://www.comsol.jp/offers/comsol-news-2016（2021 年 10 月 25 日参照）

[2] COMSOL NEWS 2017.
https://www.comsol.jp/offers/comsol-news-2017（2021 年 10 月 25 日参照）

[3] COMSOL NEWS 2018.
https://www.comsol.jp/offers/comsol-news-2018（2021 年 10 月 25 日参照）

[4] COMSOL NEWS 2019.
https://www.comsol.jp/offers/comsol-news-2019（2021 年 10 月 25 日参照）

[5] Multiphysics Simulation, An IEEE Spectrum Insert 2017.
https://www.comsol.jp/offers/multiphysics-simulation-2017（2021 年 10 月 25 日参照）

[6] Multiphysics Simulation, An IEEE Spectrum Insert 2018.
https://www.comsol.jp/offers/multiphysics-simulation-2018（2021 年 10 月 25 日参照）

[7] Multiphysics Simulation, An IEEE Spectrum Insert 2019.
https://www.comsol.jp/offers/multiphysics-simulation-2019（2021 年 10 月 25 日参照）

[8] 村松良樹：生産環境工学科における工学教育への COMSOL Server の適用—システム概要とアプリの紹介—，COMSOL カンファレンス東京，2018.

[9] 高野直樹：COMSOL Multiphysics&Application Builder を用いた計算力学の研究と教育，COMSOL カンファレンス東京，2017.

[10] Application Builder.
https://www.comsol.jp/comsol-multiphysics/application-builder（2021 年 10 月 25 日参照）

[11] COMSOL Server
https://www.comsol.jp/comsol-server（2021 年 10 月 25 日参照）

[12] COMSOL Compiler.
https://www.comsol.jp/comsol-compiler（2021 年 10 月 25 日参照）

[13] COMSOL Apps. https://web.njit.edu/~rvoronov/comsol-apps/（2021 年 10 月 25 日参照）

[14] Hashiguchi M., Dahai M. : Education and Business Style Innovation by Apps Created with the COMSOL Multiphysics Software.
https://www.comsol.jp/paper/education-and-business-style-innovation-by-apps-created-with-the-comsol-multiphy-66441 年 10 月 25 日参照）

[15] 平野拓一：電磁界規範問題および市販シミュレータのファイル例
http://www.takuichi.net/em_analysis/canonical/index_j.html（2021 年 10 月 28 日参照）；RF IC　設計ツール
http://www.takuichi.net/em_analysis/rf_ic/index.html（2021 年 11 月 26 日参照）

[16] 平野拓一：『有限要素法による電磁界シミュレーション』，近代科学社 Digital，2020.

付録 A
COMSOL Multiphysicsの GUI

本付録では，COMSOL Multiphysics[1] の GUI である COMSOL Desktop[1] の概要，そのモデル開発 GUI であるモデルビルダー [2]，アプリ開発 GUI であるアプリケーションビルダー [3] の各概要を簡潔に説明します。

A.1　COMSOL Desktop

　ここでは，第 3 章で説明したヒューズのモデル開発を例にとって説明します（図 A.1 参照）。

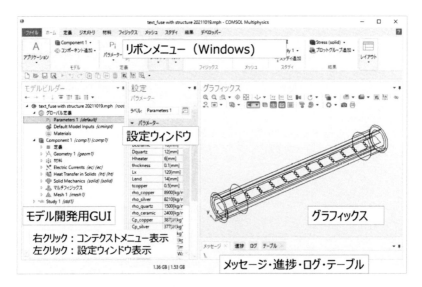

図 A.1　COMSOL Desktop とモデルビルダー

　ユーザーがヒューズのモデルが入った mph をファイルメニューで開くと，COMSOL Desktop GUI が立ち上がります。レイアウトは変更できますが，標準の状態では，左端にモデル開発用のウィンドウであるモデルビルダー，中央に設定ウィンドウ，右端にグラフィックスが配置されます。計算を実行すると，右下のメッセージ・進捗・ログ・テーブルタブの下にプログレスバーが表示され，進捗を表示します。

　モデルビルダーに並んでいる各ノードを右クリックすると，コンテクストメニューが表示されます。そこから適したものを選択し，それらを追加します。各ノードの数値などを設定したい場合には，該当するノードをクリックすると設定ウィンドウが表示されますので，必要事項を入力

します。Windows 版であれば COMSOL Desktop の上方にあるリボンメ
ニューを使うのもよいでしょう。

　COMSOL Multiphysics では，扱う物理カテゴリに依存することなく，
同じルック&フィールで GUI 操作ができます。例えば伝熱で GUI 操作
を習得したら，他の物理カテゴリの作業でも操作感は全く同じです。

　モデルビルダーに単一の物理カテゴリが表示されている場合にはシング
ルフィジックス，複数の物理カテゴリが表示されている場合にはマルチ
フィジックスを解析していることになります。マルチフィジックス解析の
場合には，マルチフィジックスノードで連成解析の取り回しが行われるの
が一般的です。つまり，各物理カテゴリを理解したら，どのような連成方
式になっているかはマルチフィジックスノードの内容を参照して確認する
ことになります。

A.2　モデルビルダー

　それでは，モデルビルダーの内容を細かく見ていきます。モデルビル
ダーだけを拡大したものを図 A.2 に示します。

図 A.2　モデルビルダーに見るマルチフィジックス解析の例

　まずジオメトリを作成し，それをグラフィックスで表示させながら，モデルビルダーの各物理カテゴリに必要な設定を行い，さらに，具体的にジオメトリの各部位に対応づけていきます。

　図 A.2 では定常解析を行っています。各物理カテゴリは偏微分方程式と境界条件をもっていますので，方程式に含まれている材料値，境界条件の各設定を行っています。

　図 A.3 に物理カテゴリとマルチフィジックスノードを取り出して表示します。①が電流，②が伝熱，③が固体力学，④がマルチフィジックスノードです。

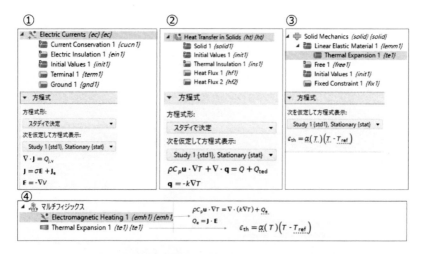

図 A.3　各物理の設定とマルチフィジックスノードの内容

　モデルビルダーでは，どの部分を操作しているのかをわかりやすくするために，各物理カテゴリで方程式を参照できるようにしています。式の下部に点線が表示されている部分が，現在操作している箇所です。

　ノードにはアイコンの左上に D という文字が表示されているものがあります。これはデフォルト設定の意味です。ユーザーが追加したノードは，D がついていないものです。図 A.3 では，電流ではターミナル（電流設定）と接地の 2 個，伝熱では熱流束境界が 2 個，固体力学では固定拘束

が1個です。完成したモデルビルダーにノードがずらりと並んでいるのを見ると複雑な印象を受けると思いますが，実際にはユーザーが行う操作はわずかです。

このような数値解析の世界は見ているだけでは理解しにくく，実際に操作して手になじませることが肝心です。数値計算では，間違って電圧に100万Vと設定しても装置が壊れるわけではなく，計算が発散するだけです。つまり数値解析は，ビギナーにとって実験装置よりもリスクが低いものです。しかも数値解析でつかんだイメージをもとに実験に取りかかれば，目に見えない部分にも自分なりにイメージを抱いて臨むことができるので，当然，注意深く行えるようになります。センサーの設置の仕方一つをとっても非常に的を射た行動ができるでしょう。

④のマルチフィジックスノードでは，伝熱の発熱項がジュール発熱であることを示しています。また，温度上昇分が固体の熱ひずみとして与えられることを示しています。

A.3　アプリケーションビルダー

モデルビルダーは，COMSOL Desktop 上でアプリケーションビルダーへ切り替えることができます。アプリケーションビルダーの一部を図A.4に示します。GUI作業としてはフォームを編集することから始めます。

図A.4　アプリケーションビルダーの様子

　第 2 章で示した程度のアプリであれば,「新規フォーム～基礎」を選択し,図 A.5 のようにガイダンスに従って,入力/出力,グラフィックス,ボタンの順に必要なものを選択していくことで,図 A.6 の内容を構築できます。レイアウト変更やテキスト追加を行うたびに「アプリケーションをテスト」でアプリを立ち上げ,画面の様子や動作のテストが行えます。

　必要であれば,立ち上げたアプリを終了し,アプリケーションビルダーからモデルビルダーに切り替えて,開発モデルの内容を適宜変更すること

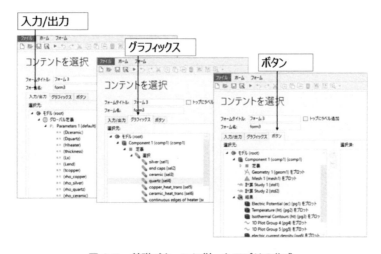

図 A.5　基礎パターンに従ったアプリの作成

図 A.6　レイアウトの変更やテキストなどの追加編集

もできます。例えば結果処理のグラフィックス表示の内容をユーザーがわかりやすくなるように変更するといった調整を行うことで，開発モデルが多くの人たちに使われるようになります。

　文献 [4] にある方法を使えば，タブで複数画面を切り替えたり，その画面の中に操作マニュアルの画像を張り込んだりといったことも簡単にできます。また，式を入力するフィールドの設定や，計算結果のデータ表示，といったことも，オブジェクト追加で簡単に実現できます。

　また，モデルビルダーのレポート機能を使って計算結果を編集し，指定されたメールアドレスに簡単にレポートを送信することができます。現場から開発元へのフィードバックが決まったフォームで送られてくるので，使いやすいデータベースの構築に大きく貢献します。

参考文献

[1]　COMSOL Multiphysics
　　　https://kesco.co.jp/comsol/, https://www.comsol.jp/（2021 年 11 月 2 日参照）

[2]　COMSOL　Model Builder.
　　　https://kesco.co.jp/comsol/, https://www.comsol.jp/（2021 年 11 月 2 日参照）

[3]　COMSOL Application Builder.
　　　https://kesco.co.jp/comsol/, https://www.comsol.jp/（2021 年 11 月 2 日参照）

[4]　Hashiguchi M., Dahai M. : Education and Business Style Innovation by Apps Created with the COMSOL Multiphysics Software.
　　　https://www.comsol.jp/paper/education-and-business-style-innovation-by-apps-created-with-the-comsol-multiphy-66441（2021 年 10 月 25 日参照）

索引

著者紹介

橋口 真宜 (はしぐち まさのり)

計測エンジニアリングシステム株式会社主席研究員，技術士（機械部門），JSME計算力学
技術者国際上級アナリスト（熱流体）
執筆担当：第1章，第2章，第4章，第6章，付録

佟 立柱 (とんりちゅ)

計測エンジニアリングシステム株式会社首席研究員，工学博士
執筆担当：第3章

米 大海 (み だはい)

計測エンジニアリングシステム株式会社技術部部長，工学博士
執筆担当：第5章

　本書に記載した内容はあくまで筆者独自の考えであり，組織を代表するものではありません。また，本書の内容を適用した結果生じたことや適用できなかったことに関しましては，著者，出版社とも一切の責任は負いませんのでご了承ください。

COMSOL Multiphysicsのご紹介

　COMSOL Multiphysicsは，COMSOL社の開発製品です。電磁気を支配する完全マクスウェル方程式をはじめとして，伝熱・流体・音響・固体力学・化学反応・電気化学・半導体・プラズマといった多くの物理分野での個々の方程式やそれらを連成（マルチフィジックス）させた方程式系の有限要素解析を行い，さらにそれらの最適化（寸法，形状，トポロジー）を行い，軽量化や性能改善策を検討できます。一般的なODE（常微分方程式），PDE（偏微分方程式），代数方程式によるモデリング機能も備えており，物理・生物医学・経済といった各種の数理モデルの構築・数値解の算出にも応用が可能です。上述した専門分野の各モデルとの連成も検討できます。
　また，本製品で開発した物理モデルを誰でも利用できるようにアプリ化する機能も用意されています。別売りのCOMSOL CompilerやCOMSOL Serverと組み合わせることで，例えば営業部に所属する人でも携帯端末などから物理モデルを使ってすぐに客先と調整をできるような環境を構築することができます。
　本製品群は，シミュレーションを組み込んだ次世代の研究開発スタイルを推進するとともに，コロナ禍などに影響されない持続可能な業務環境を提供します。

【お問い合わせ先】
計測エンジニアリングシステム（株）事業開発室
COMSOL Multiphysics 日本総代理店
〒101-0047 東京都千代田区内神田1-9-5 SF内神田ビル
Tel: 03-5282-7040　　Mail: dev@kesco.co.jp
URL：https://kesco.co.jp/service/comsol/

◎本書スタッフ
編集長：石井 沙知
編集：石井 沙知・山根 加那子
図表製作協力：菊池 周二
組版協力：阿瀬 はる美
表紙デザイン：tplot.inc 中沢 岳志
技術開発・システム支援：インプレス NextPublishing

●本書の内容についてのお問い合わせ先
近代科学社Digital　メール窓口
kdd-info@kindaikagaku.co.jp
件名に『『本書名』問い合わせ係」と明記してお送りください。
電話やFAX、郵便でのご質問にはお答えできません。返信までには、しばらくお時間をいただく場合があります。なお、本書の範囲を超えるご質問にはお答えしかねますので、あらかじめご了承ください。

次世代を担う人のための
マルチフィジックス有限要素解析

2024年6月30日　初版発行Ver.1.0

著　者　橋口 真宜,佟 立柱,米 大海
発行人　大塚 浩昭
発　行　近代科学社Digital
販　売　株式会社 近代科学社
　　　　〒101-0051
　　　　東京都千代田区神田神保町1丁目105番地
　　　　https://www.kindaikagaku.co.jp

印刷・製本　京葉流通倉庫株式会社
Printed in Japan

ISBN978-4-7649-0701-0

近代科学社 Digital は、株式会社近代科学社が推進する21世紀型の理工系出版レーベルです。デジタルパワーを積極活用することで、オンデマンド型のスピーディでサステナブルな出版モデルを提案します。

近代科学社 Digital は株式会社インプレス R&D が開発したデジタルファースト出版プラットフォーム "NextPublishing" との協業で実現しています。